中国
降雪·积雪
图集

任国玉　刘玉莲　编著

气象出版社
China Meteorological Press

内 容 简 介

冰冻圈是地球气候系统重要组成圈层之一,而降雪和积雪则为冰冻圈中关键的地球物理过程,对冰川的形成和气候系统变异、变化具有重要影响;此外,降雪和积雪既是宝贵的气候资源,同时也会产生严重的天气气候灾害。因此,了解降雪和积雪的时空分布特征,对于理解地球气候系统,有效利用气候资源,预防相关的自然灾害,具有理论和实际意义。

在这本图集中,作者利用国家基准气候站和基本气象站网的历史观测数据,结合前期针对降雪和积雪气候学、气候变化特征的研究,编制了中国大陆地区平均和极端降雪量、降雪日、积雪日、积雪深的空间分布等值线图。本图集可供相关领域的业务人员、科技人员、教师和学生参考。

图书在版编目（CIP）数据

中国降雪：积雪图集 / 任国玉，刘玉莲编著.
北京：气象出版社，2024. 7. -- ISBN 978-7-5029
-8247-8

Ⅰ. P426.63-64

中国国家版本馆 CIP 数据核字第 2024H3K385 号

审图号：GS 京（2024）0916 号

中国降雪·积雪图集
Zhongguo Jiangxue · Jixue Tuji

出版发行：气象出版社			
地　　址：北京市海淀区中关村南大街 46 号		**邮政编码**：100081	
电　　话：010-68407112（总编室）　010-68408042（发行部）			
网　　址：http://www.qxcbs.com		**E-mail**：qxcbs@cma.gov.cn	
责任编辑：张　媛		**终　　审**：张　斌	
责任校对：张硕杰		**责任技编**：赵相宁	
封面设计：艺点设计			
印　　刷：北京建宏印刷有限公司			
开　　本：787 mm×1092 mm　1/16		**印　　张**：7.25	
字　　数：185 千字			
版　　次：2024 年 7 月第 1 版		**印　　次**：2024 年 7 月第 1 次印刷	
定　　价：60.00 元			

前　言

降雪是发生在中高纬度地带及各大陆中低纬度高山区的固态大气降水现象,而积雪是伴随降雪出现的地表雪的堆积现象。降雪和积雪是冰冻圈中关键的地球物理过程之一,对冰川的形成和地球系统演化具有重要影响。降雪和积雪既是气候要素或自然资源,同时也会产生自然灾害,给交通运输、建筑、通信、设施农业和牧业生产造成严重损失。了解降雪和积雪的时空分布规律,对于理解地球表层系统多圈层相互作用、有效利用自然资源和预防相关的自然灾害,具有理论和实际意义。

我国北方和青藏高原,每年冬季会出现降雪和积雪。特别是在东北中北部、新疆北部和青藏高原东南部,降雪日数较多,降雪量和积雪深一般较大,某些年份还会发生极端强降雪和极端深积雪事件。这些区域的积雪改变了地表辐射平衡、能量平衡和水循环过程,对当季和后期天气气候造成一定影响;降雪和积雪形成了固体水资源,营造了冬季体育运动和休闲观光景观;极端强降雪、极端深积雪、山区雪崩和快速融雪事件等给当地农牧业、交通运输、电力运输和建筑设施造成破坏,引起人员伤亡和财产损失。因此,有关行业部门的管理者和专家,以及教育工作者、大中小学生和普通居民,对降雪、积雪时空分布信息都有不同程度的需求。

但是,目前获取我国雪区降雪、积雪信息的渠道还比较匮乏、单一。专业人员可以通过各类气象观测数据库和学术文献库获取相关信息,但非专业人员获取他们关心的数据及其分析产品比较困难。如果有一本关于我国降雪和积雪的气候图集,则可以大大方便各领域、各行业的专业和非专业人士查阅,获得自己关注的科学信息。

在国家重点研发计划项目"小冰期以来东亚季风区极端气候变化及机制研究"(2018YFA0605603)等科技项目支持下,利用中国气象局国家气象信息中心的历史日降水量、降雪观测资料,对中国大陆地区降雪、积雪以及极端降雪、极端积雪气候学特征、长期变化趋势特点进行了系统分析,取得了若干科学成果,获得了系列图形产品。这些工作为编撰中国降雪和积雪的气候图集提供了基础素材。

本图集由6章组成,分别是:数据与方法、降雪日与降雪期、降雪量、积雪日与积雪期、积雪深、降雪与积雪变异系数。每一部分按照不同指标分为若干小节。全图集共包含200余幅图。希望这些图件能够为国内外各界人士提供所需要的中国地区降雪和积雪信息。

中国气象局国家气候中心、中国地质大学(武汉)和黑龙江省气象局各级领导对国家重点研发计划项目研究和本图集编撰给予大力支持。感谢项目组和课题组的各位咨询专家、同事和同学的支持、协作。感谢农丽娟女士协助联络图集出版事宜。气象出版社的张媛责任编辑在图集编辑和出版过程中付出了辛勤劳动,在此表示感谢。

由于作者水平有限,加之时间仓促,图集难免存在纰缪,恳请读者指正。

编者

2024年1月8日 北京

目　　录

第1章
数据与方法

1.1 数据

资料来源于中国气象局国家气象信息中心提供的中国地面日值资料数据集（SURF_CHN_MUL_DAY）和中国地面重要天气要素资料（SURF_CHN_WSET_FTM）。全国气象观测网由国家基准气候站和国家基本气象站组成，个别为国家一般气象站。图1.1表示1951—2011年气象观测站点数量随时间逐年变化情况。图1.2表示1981—2010年观测超过20年的气象观测站点分布情况。

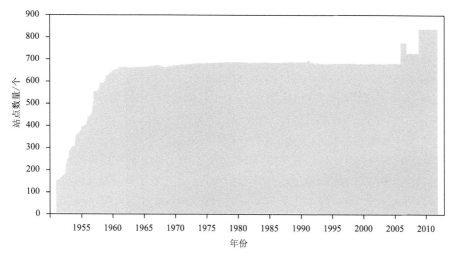

图1.1 1951—2011年气象观测站点数量随时间逐年变化

20世纪50年代初站点较少；其后站点数量增长迅速，到1960年站点数量已经接近650个；1960年以后，各年的站点数量变化不大，基本上维持在650～700个。做多年计算时，选择资料超过20年，且位于25°N以北的台站参与统计。共选取中国675个观测站点逐日降水量、降雪和积雪观测数据。选取25°N以北的台站（台湾省资料暂缺），是因为位于华南地区的观测站常年极少记录到降雪和积雪，无法进行多年平均气候态统计。

图 1.2　1981—2010 年观测超过 20 年的气象观测站点分布(台湾省资料暂缺)

1.2　指标和方法

主要指标定义见表 1.1。

首先,定义从当年 7 月 1 日至次年 6 月 30 日为一个降雪年,例如,2000 年降雪年为 2000 年 7 月 1 日到 2001 年 6 月 30 日;日期使用 Julian 日计数,即 7 月 1 日为 1,7 月 2 日为 2,以此类推至次年 6 月 30 日为 365(或 366)。

降雪初日为降雪年内首次出现固态降水天气现象的日期(Julian 日),平均降雪初日为统计时期内各年降雪初日的平均值,最早降雪初日为统计时期内降雪初日的最小值,最晚降雪初日为统计时期内降雪初日的最大值,其余指标类推;降雪终日为降雪年内最后出现固态降水天气现象的日期(Julian 日);降雪期长度指按天气现象统计降雪年内第一天和最后一天出现固态降水天气现象日期之间的天数(d);降雪日定义为统计时期内出现纯降雪天气现象的日子;年降雪日数为降雪年内出现降雪的天数(d);最长连续降雪日数为降雪年内出现连续降雪过程的最长天数(d)。为了方便,降雪初日和降雪终日的单位为 d,这里的 d 指从 7 月 1 日起的日数。

年降雪量为降雪年内日降雪量≥0.1 mm 纯雪(不计雨夹雪)的雪量累计值(mm),统计降雪量时剔除了有液态降水出现日子的降雪量;最大日降雪量为降雪年内单日最大降雪量(mm),平均最大日降雪量为统计时期内多年最大日降雪量的平均值(mm),极端最大日降雪量为统计时期内多年最大日降雪量的最大值(mm);最大连续降雪量为降雪年内连续降雪发生情况下累计降雪量的最大值(mm),平均最大连续降雪量为统计时期内最大连续降雪量的多年平均值(mm),极端最大连续降雪量为统计时期内最大连续降雪量的极大值(mm)。

表 1.1　降雪和积雪指标定义

指标名称	定义和单位
降雪年	从当年 7 月 1 日至次年 6 月 30 日
降雪初日	降雪年内首次出现固态降水天气现象的日期(Julian 日)
降雪终日	降雪年内最后出现固态降水天气现象的日期(Julian 日)
降雪期长度	按天气现象统计降雪年内第一天和最后一天出现固态降水天气现象日期之间的天数(d)
降雪日	统计时期内出现纯降雪天气现象的日子
年降雪日数	降雪年内出现降雪的天数(d)
最长连续降雪日数	降雪年内出现连续降雪过程的最长天数(d)
年降雪量	降雪年内日降雪量≥0.1 mm 纯雪(不计雨夹雪)的雪量累计值(mm)
降雪量变异系数	降雪量标准差与平均值的比值(无量纲)
最大日降雪量	降雪年内单日最大降雪量(mm)
平均最大日降雪量	统计时期内多年最大日降雪量的平均值(mm)
极端最大日降雪量	统计时期内多年最大日降雪量的最大值(mm)
最大连续降雪量	降雪年内连续降雪发生情况下累计降雪量的最大值(mm)
平均最大连续降雪量	统计时期内最大连续降雪量的多年平均值(mm)
极端最大连续降雪量	统计时期内最大连续降雪量的极大值(mm)
暴雪日数和降雪量	统计时期内日(24 h)降雪量≥10 mm 的降雪天数(d)与降雪累计量(mm)
大雪日数和降雪量	统计时期内日(24 h)降雪量≥5 mm 且<10 mm 的降雪天数(d)和降雪累计量(mm)
中雪日数和降雪量	统计时期内日(24 h)降雪量≥2.5 mm 且<5 mm 的降雪天数(d)与降雪累计量(mm)
小雪日数和降雪量	统计时期内日(24 h)降雪量<2.5 mm 的降雪天数(d)和降雪累计量(mm)
强降雪日数和强降雪量	统计时期内日(24 h)纯降雪量气候基准值超过 90 百分位值的降雪天数(d)和降雪累计量(mm)
平均月降雪量	统计时期内某月降雪量累计的多年平均值(mm)
最大月降雪量	统计时期内某月降雪量累计的多年最大值(mm)
积雪初日	降雪年内首次出现积雪天气现象的日期(Julian 日)
积雪终日	降雪年内最后出现积雪天气现象的日期(Julian 日)
积雪期长度	降雪年内积雪初日和积雪终日之间的天数(d)
积雪日	降雪年内出现积雪的日子
积雪日数	统计时期内出现积雪的累计天数(d)
最大积雪深	统计时期内积雪深度最大值(cm)
不同等级积雪日数	降雪年内日积雪深在不同等级范围内的天数(d)
月积雪日数和最大积雪深	逐月出现积雪的天数(d)和月内积雪深的最大值(cm)
降雪与积雪变异系数	数据时间序列标准差与平均值的比值（无量纲）

　　各级别降雪日数和降雪量定义为:暴(大、中、小)雪日数和雪量分别是统计时期内日(24 h)降雪量≥10 mm(5～10 mm、2.5～5 mm、<2.5 mm)的降雪天数(d)与降雪累计量(mm)。选择 90 百分位值作为阈值,定义强降雪事件,即雪季内日(24 h)纯降雪量超过气候基准期 90 百分位值的全部降雪天数(d)和降雪总量(mm),分别为强降雪日数和强降雪量。

平均月降雪量为统计时期内某月降雪量累计的多年平均值(mm);最大月降雪量为统计期内某月降雪量累计的多年最大值(mm)。

积雪初日为降雪年内首次出现积雪天气现象的日期(Julian 日);积雪终日为降雪年内最后出现积雪天气现象的日期(Julian 日);积雪期长度为降雪年内积雪初日和积雪终日之间的天数(d);积雪日定义为降雪年内出现积雪的日子。积雪日数定义统计时期内出现积雪的累计天数(d)。

最大积雪深为统计时期内积雪深度最大值(cm);不同等级积雪日数为降雪年内日积雪深在不同等级范围内的天数(d);月积雪日数和最大积雪深分别为逐月出现积雪的天数(d)和月内积雪深的最大值(cm)。

降雪与积雪变异系数为数据时间序列标准差与平均值的比值(无量纲)。

统计时期包括 1951—2010 年、1951—1980 年、1981—2010 年。气候基准期为 1981—2010 年(30 年)。

地图投影为经纬度等间隔直投,比例尺 1∶2000000;应用 Python＋Cartopy＋Matplotlib 实现等值线绘制,使用 SciPy 的 RBF 函数进行空间插值。图中灰色实心圆点为有记录的观测站,灰色实线为等值线,红色实线为均值线。

第 2 章
降雪日与降雪期

2.1 降雪初日

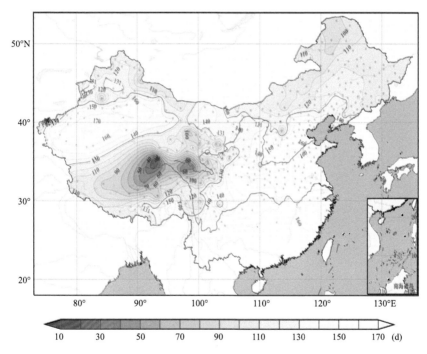

图 2.1　平均降雪初日(1951—2010 年,站点数量:439 个;图例中数字指从 7 月 1 日开始的日数,
后面涉及初日、终日的图例相同,定义见第 1 章表 1.1)

(图中灰色实心圆点为有记录的观测站,灰色实线为等值线,红色实线为均值线,选取 25°N 以北的台站
(台湾省资料暂缺),是因为位于华南地区的观测站常年极少记录到降雪和积雪,无法进行多年平均气候
态统计,下同)

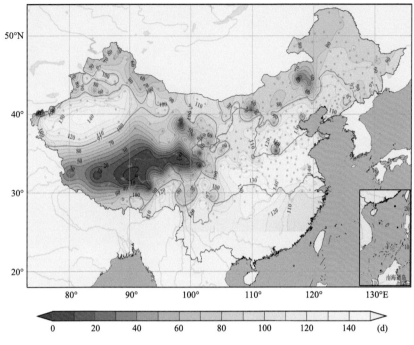

图 2.2　最早降雪初日(1951—2010 年,站点数量:439 个)

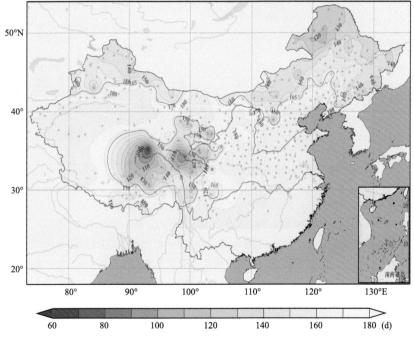

图 2.3　最晚降雪初日(1951—2010 年,站点数量:439 个)

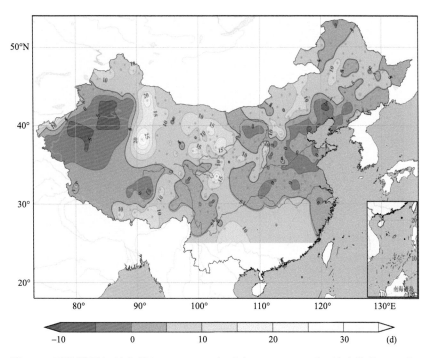

图 2.4 平均降雪初日差值(1981—2010 年减去 1951—1980 年,站点数量:394 个)

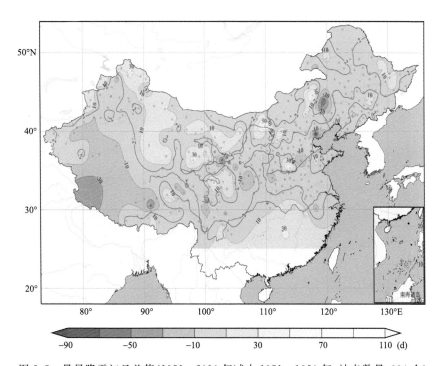

图 2.5 最早降雪初日差值(1981—2010 年减去 1951—1980 年,站点数量:394 个)

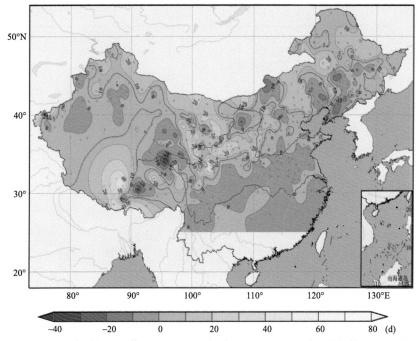

图 2.6　最晚降雪初日差值(1981—2010 年减去 1951—1980 年,站点数量:394 个)

2.2　降雪终日

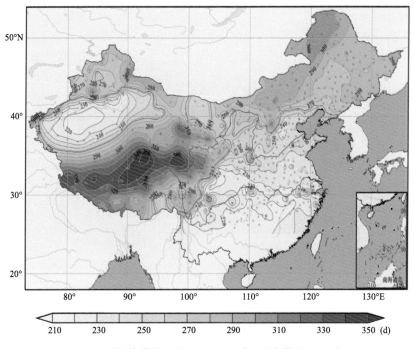

图 2.7　平均降雪终日(1951 −2010 年,站点数量:529 个)

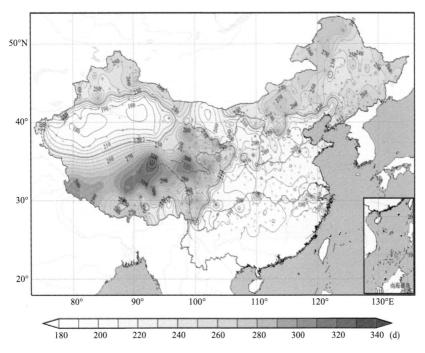

图 2.8　最早降雪终日(1951—2010 年,站点数量:529 个)

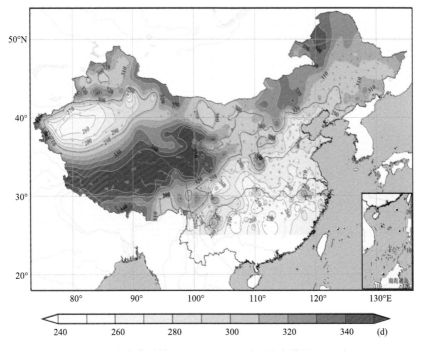

图 2.9　最晚降雪终日(1951—2010 年,站点数量:529 个)

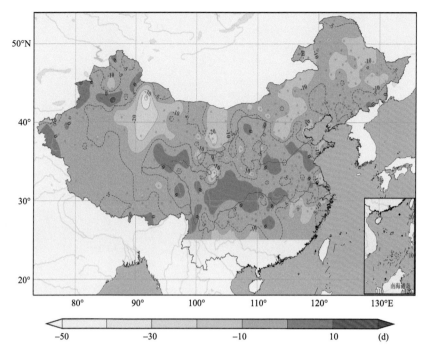

图 2.10　平均降雪终日差值(1981—2010 年减去 1951—1980 年,站点数量:482 个)

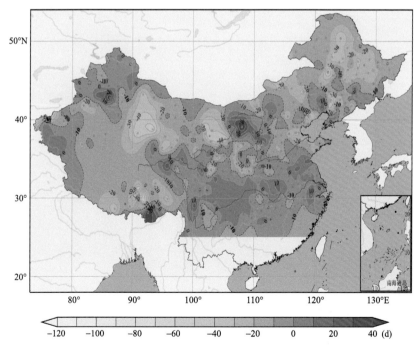

图 2.11　最早降雪终日差值(1981—2010 年减去 1951—1980 年,站点数量:482 个)

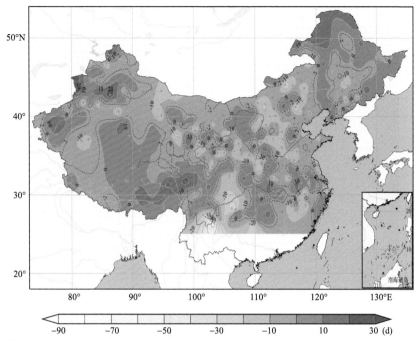

图 2.12 最晚降雪终日差值(1981—2010 年减去 1951—1980 年,站点数量:482 个)

2.3 降雪期长度

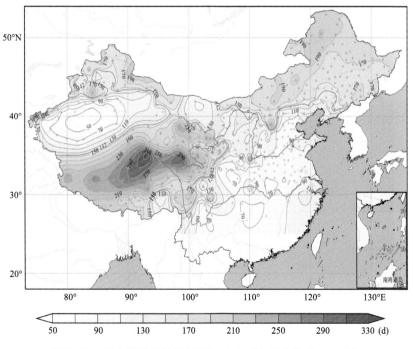

图 2.13 平均降雪期长度(1951—2010 年,站点数量:430 个)

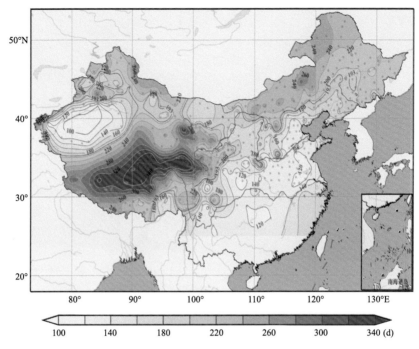

图 2.14　最长降雪期长度(1951—2010 年,站点数量:430 个)

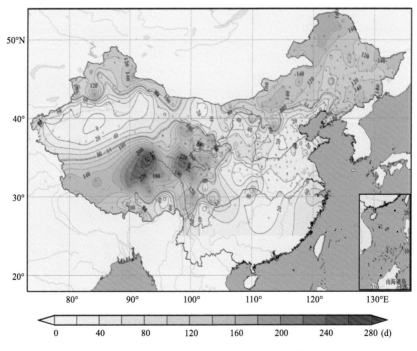

图 2.15　最短降雪期长度(1951—2010 年,站点数量:430 个)

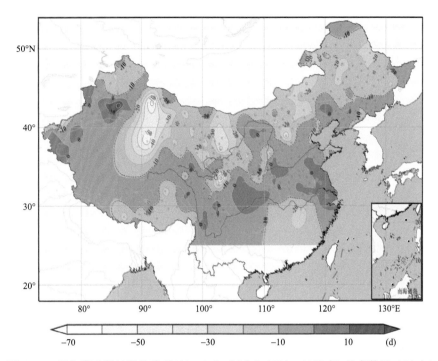

图 2.16　平均降雪期长度差值(1981—2010 年减去 1951—1980 年,站点数量:384 个)

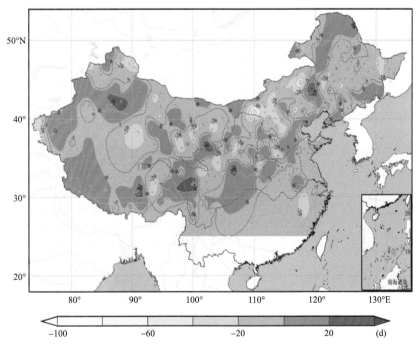

图 2.17　最大降雪期长度差值(1981—2010 年减去 1951—1980 年,站点数量:384 个)

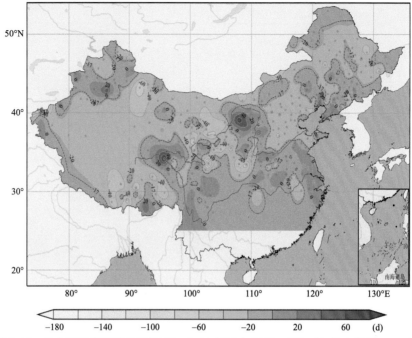

图 2.18　最小降雪期长度差值(1981—2010 年减去 1951—1980 年,站点数量:384 个)

2.4　年降雪日数

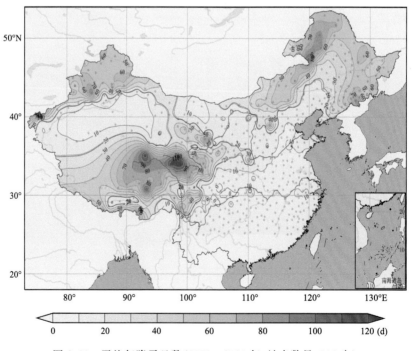

图 2.19　平均年降雪日数(1951—2010 年,站点数量:596 个)

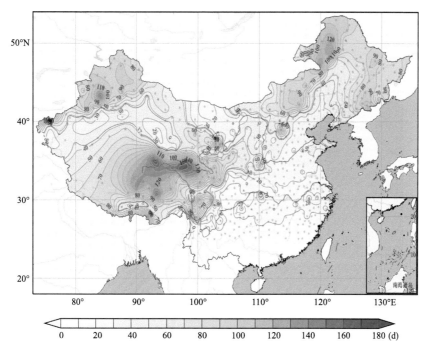

图 2.20　最多年降雪日数(1951—2010 年,站点数量:596 个)

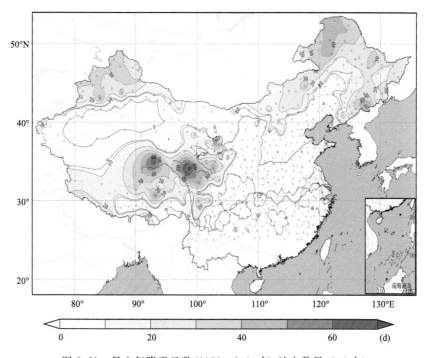

图 2.21　最少年降雪日数(1951—2010 年,站点数量:596 个)

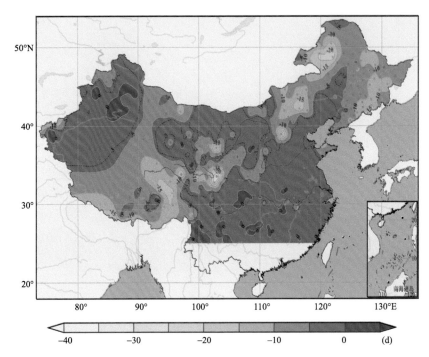

图 2.22 平均年降雪日数差值(1981—2010 年减去 1951—1980 年,站点数量:556 个)

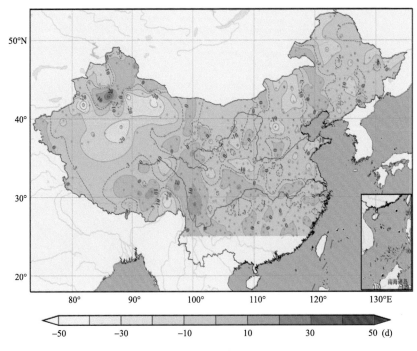

图 2.23 最多年降雪日数差值(1981—2010 年减去 1951—1980 年,站点数量:556 个)

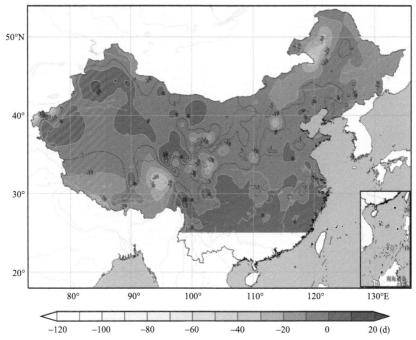

图 2.24　最少年降雪日数差值(1981—2010 年减去 1951—1980 年,站点数量:556 个)

2.5　最长连续降雪日数

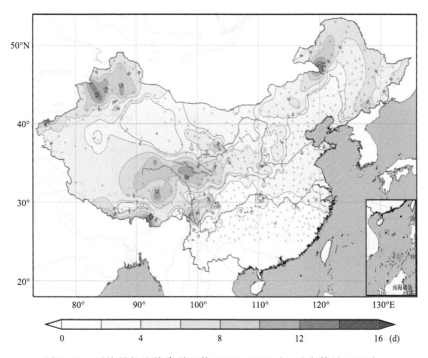

图 2.25　平均最长连续降雪日数(1951—2010 年,站点数量:596 个)

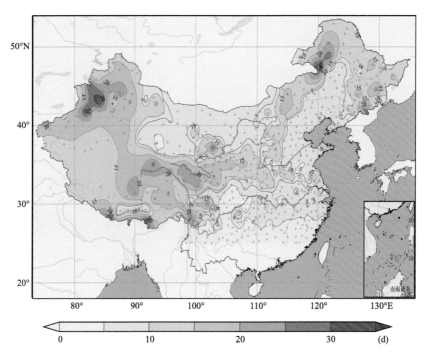

图 2.26　极端最长连续降雪日数(1951—2010 年,站点数量:596 个)

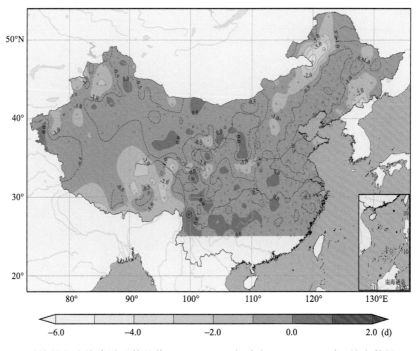

图 2.27　平均最长连续降雪日数差值(1981—2010 年减去 1951—1980 年,站点数量:556 个)

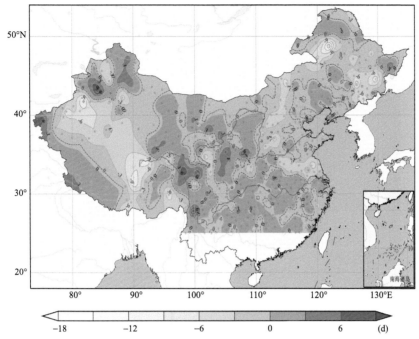

图 2.28　极端最长连续降雪日数差值(1981—2010 年减去 1951—1980 年,站点数量:556 个)

2.6　暴雪、大雪、中雪、小雪日数

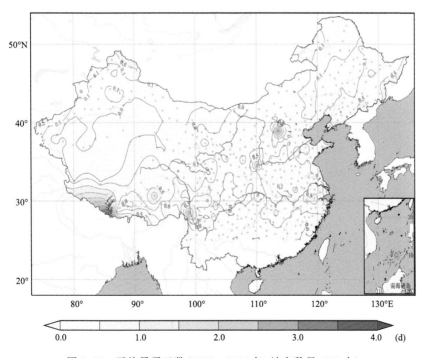

图 2.29　平均暴雪日数(1951—2010 年,站点数量:596 个)

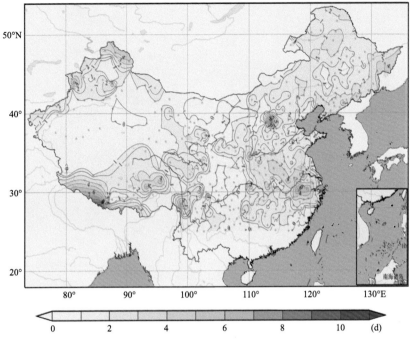

图 2.30　最多暴雪日数(1951—2010 年,站点数量:596 个)

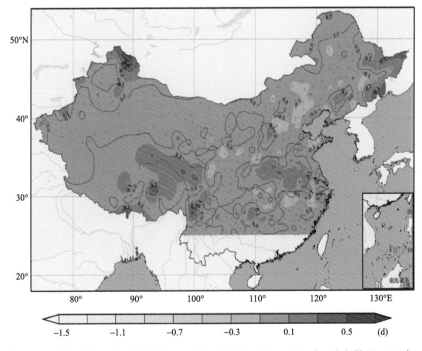

图 2.31　平均暴雪日数差值(1981—2010 年减去 1951—1980 年,站点数量:551 个)

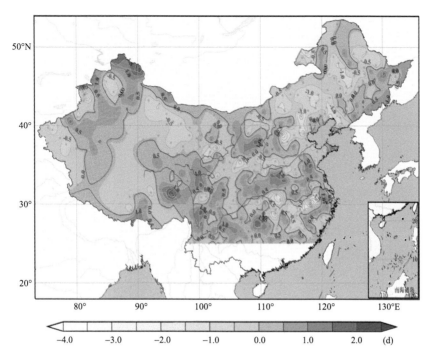

图 2.32 最大暴雪日数差值(1981—2010 年减去 1951—1980 年,站点数量:551 个)

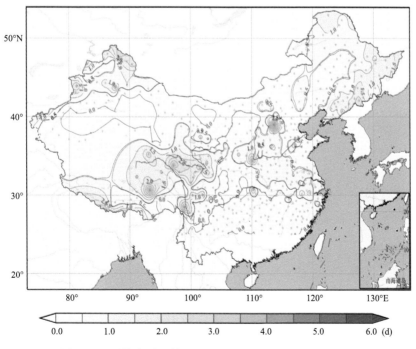

图 2.33 平均大雪日数(1951—2010 年,站点数量:596 个)

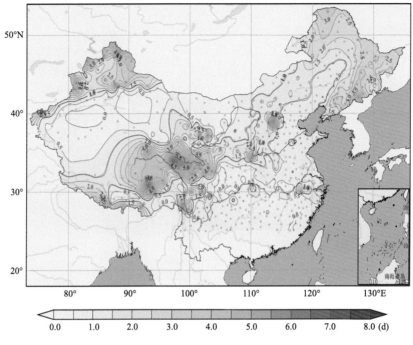

图 2.34　平均中雪日数(1951—2010 年,站点数量:596 个)

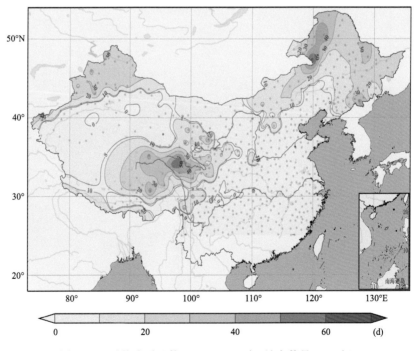

图 2.35　平均小雪日数(1951—2010 年,站点数量:596 个)

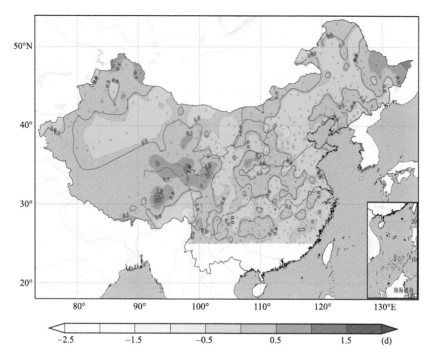

图 2.36 平均大雪日数差值(1981—2010 年减去 1951—1980 年,站点数量:551 个)

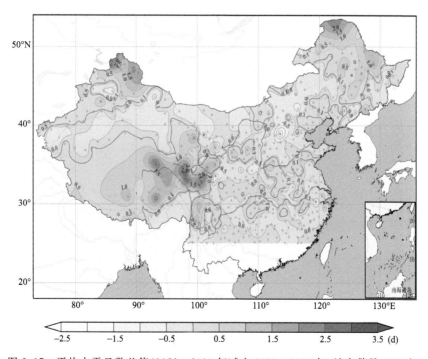

图 2.37 平均中雪日数差值(1981—2010 年减去 1951—1980 年,站点数量:551 个)

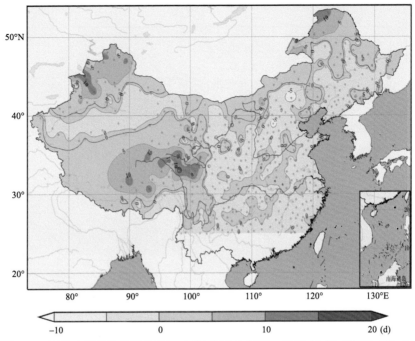

图 2.38 平均小雪日数差值(1981—2010 年减去 1951—1980 年,站点数量:551 个)

2.7 强降雪日数

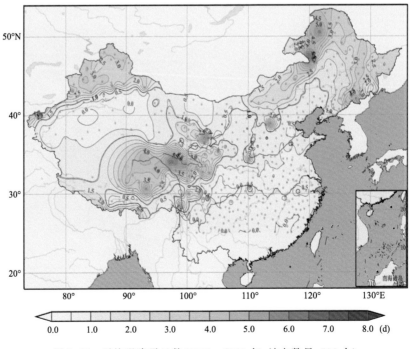

图 2.39 平均强降雪日数(1951—2010 年,站点数量:596 个)

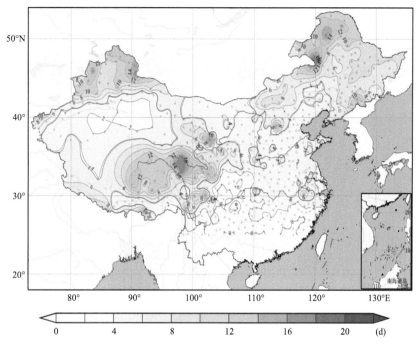

图 2.40　最多强降雪日数(1951—2010 年,站点数量:596 个)

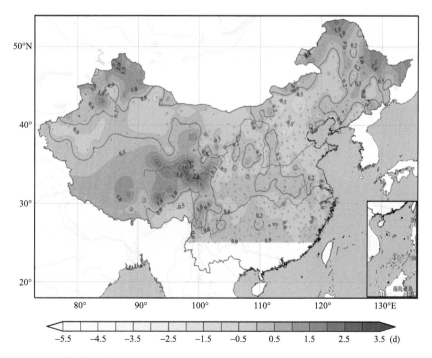

图 2.41　平均强降雪日数差值(1981—2010 年减去 1951—1980 年,站点数量:551 个)

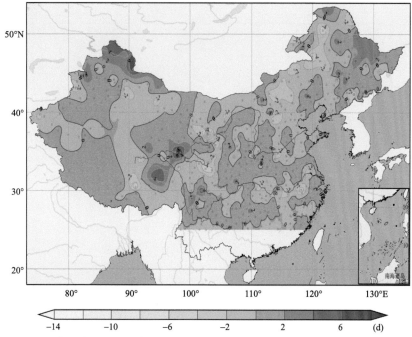

图 2.42　最多强降雪日数差值(1981—2010 年减去 1951—1980 年,站点数量:551 个)

2.8　平均月降雪日数

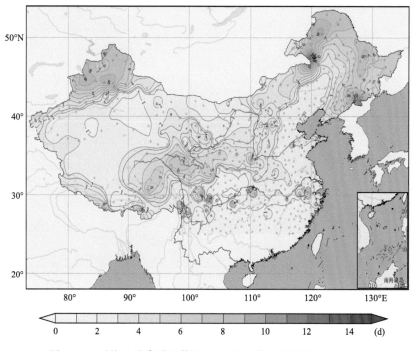

图 2.43　平均 1 月降雪日数(1951—2010 年,站点数量:598 个)

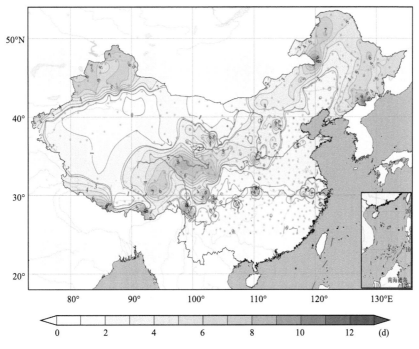

图 2.44　平均 2 月降雪日数(1951—2010 年,站点数量:598 个)

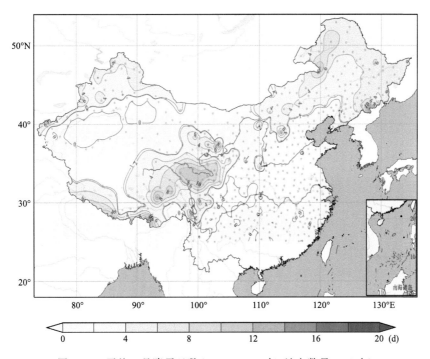

图 2.45　平均 3 月降雪日数(1951—2010 年,站点数量:598 个)

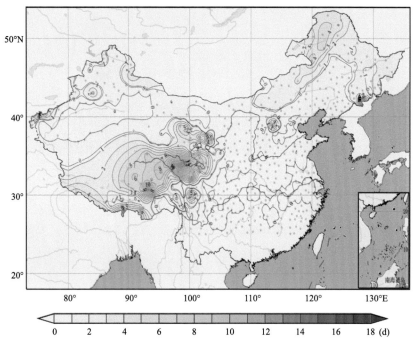

图 2.46　平均 4 月降雪日数(1951—2010 年,站点数量:598 个)

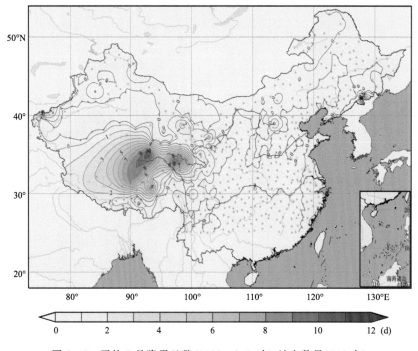

图 2.47　平均 5 月降雪日数(1951—2010 年,站点数量:598 个)

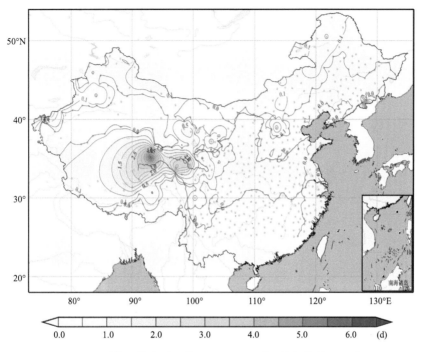

图 2.48 平均 9 月降雪日数(1951—2010 年,站点数量:598 个)

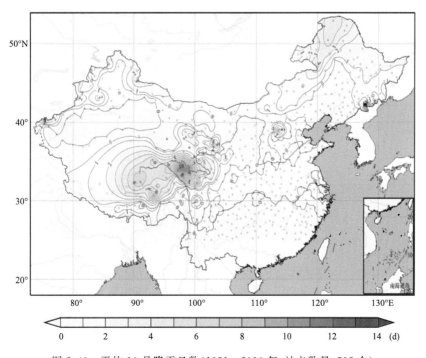

图 2.49 平均 10 月降雪日数(1951—2010 年,站点数量:598 个)

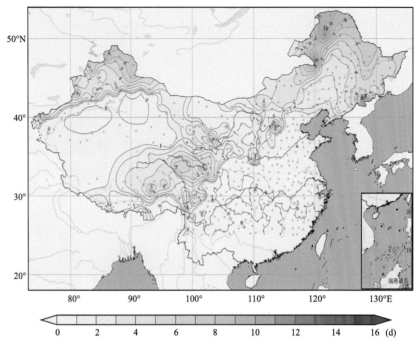

图 2.50　平均 11 月降雪日数(1951—2010 年,站点数量:599 个)

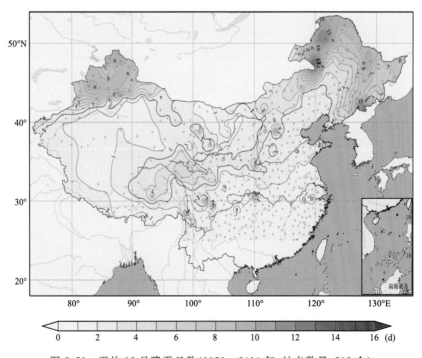

图 2.51　平均 12 月降雪日数(1951—2010 年,站点数量:598 个)

2.9 最大月降雪日数

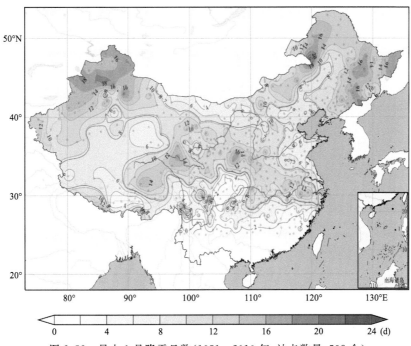

图 2.52 最大 1 月降雪日数(1951—2010 年,站点数量:598 个)

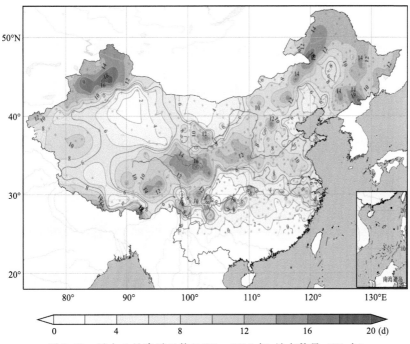

图 2.53 最大 2 月降雪日数(1951—2010 年,站点数量:598 个)

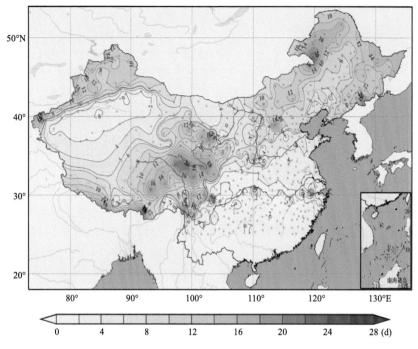

图 2.54　最大 3 月降雪日数(1951—2010 年,站点数量:598 个)

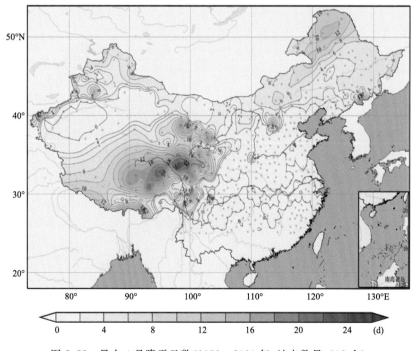

图 2.55　最大 4 月降雪日数(1951—2010 年,站点数量:598 个)

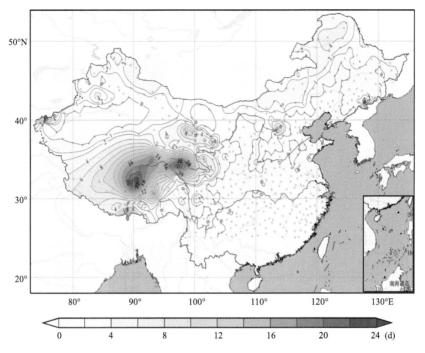

图 2.56　最大 5 月降雪日数(1951—2010 年,站点数量:598 个)

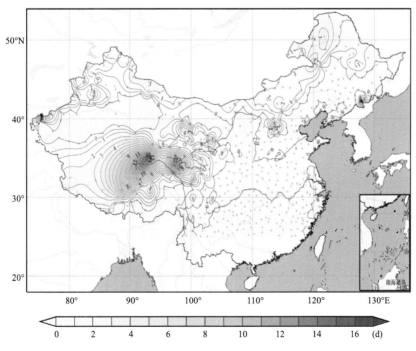

图 2.57　最大 9 月降雪日数(1951—2010 年,站点数量:598 个)

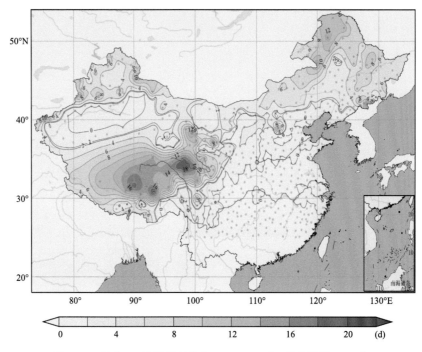

图 2.58　最大 10 月降雪日数(1951—2010 年,站点数量:598 个)

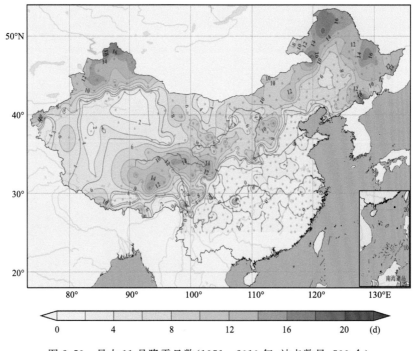

图 2.59　最大 11 月降雪日数(1951—2010 年,站点数量:599 个)

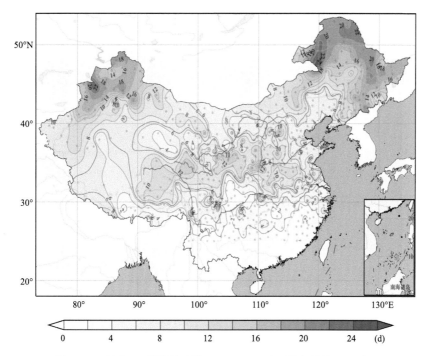

图 2.60 最大 12 月降雪日数(1951—2010 年,站点数量:598 个)

第 3 章
降雪量

3.1 年降雪量

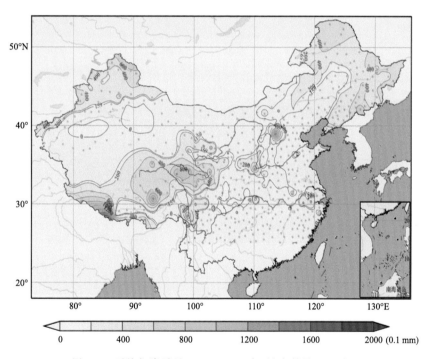

图 3.1　平均年降雪量(1951—2010 年,站点数量:596 个)

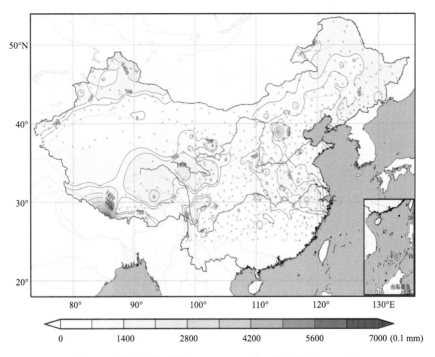

图 3.2　最大年降雪量(1951—2010 年,站点数量:596 个)

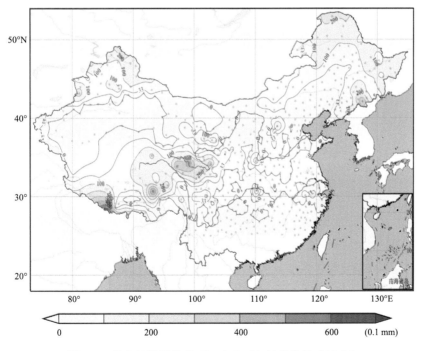

图 3.3　最小年降雪量(1951—2010 年,站点数量:596 个)

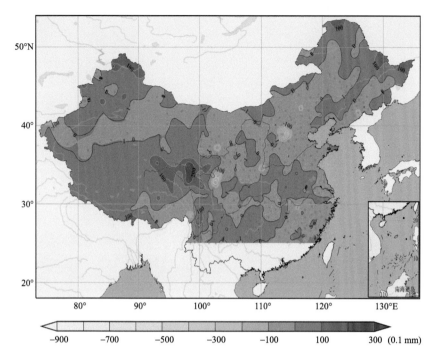

图 3.4　平均年降雪量差值(1981—2010 年减去 1951—1980 年),站点数量:556 个

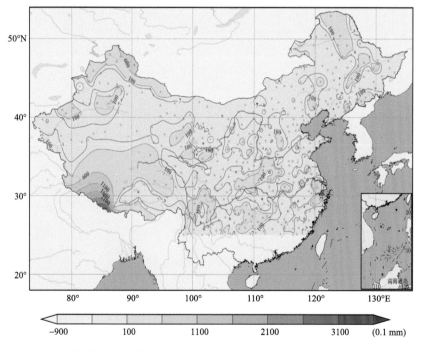

图 3.5　最大年降雪量差值(1981—2010 年减去 1951—1980 年,站点数量:554 个)

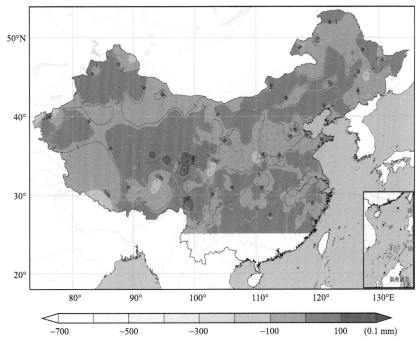

图 3.6 最小年降雪量差值(1981—2010 年减去 1951—1980 年,站点数量:555 个)

3.2 最大日降雪量

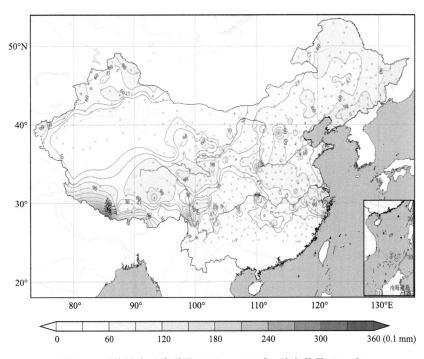

图 3.7 平均最大日降雪量(1951—2010 年,站点数量:596 个)

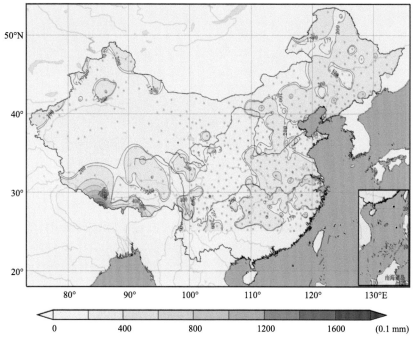

图 3.8 极端最大日降雪量(1951—2010 年,站点数量:596 个)

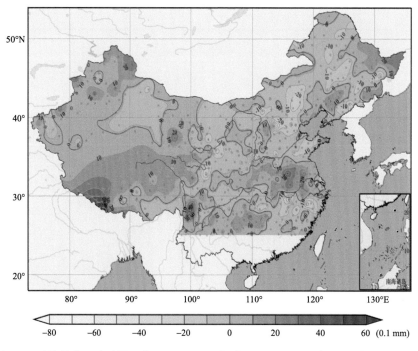

图 3.9 平均最大日降雪量差值(1981—2010 年减去 1951—1980 年,站点数量:556 个)

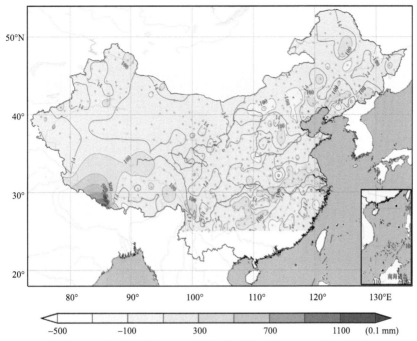

图 3.10　极端最大日降雪量差值(1981—2010 年减去 1951—1980 年,站点数量:556 个)

3.3　最大连续降雪量

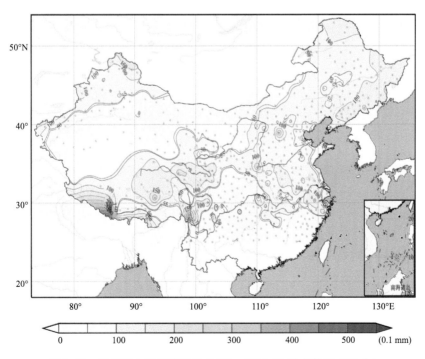

图 3.11　平均最大连续降雪量(1951—2010 年,站点数量:596 个)

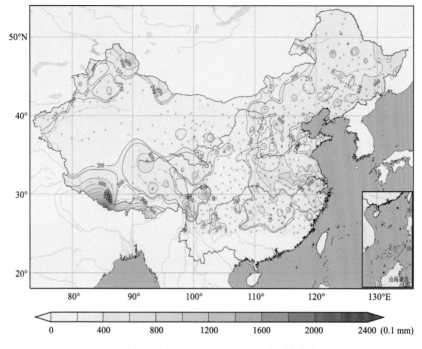

图 3.12　极端最大连续降雪量(1951—2010 年,站点数量:596 个)

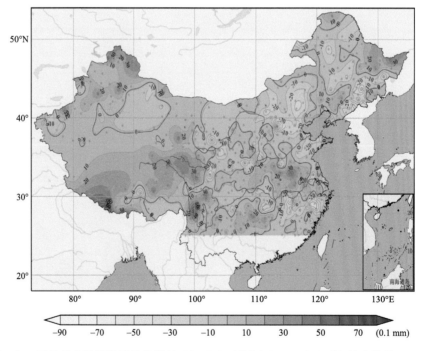

图 3.13　平均最大连续降雪量差值(1981—2010 年减去 1951—1980 年,站点数量:556 个)

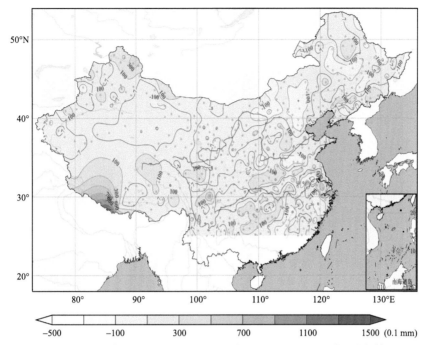

图 3.14 极端最大连续降雪量差值(1981—2010 年减去 1951—1980 年,站点数量:556 个)

3.4 暴雪、大雪、中雪、小雪降雪量

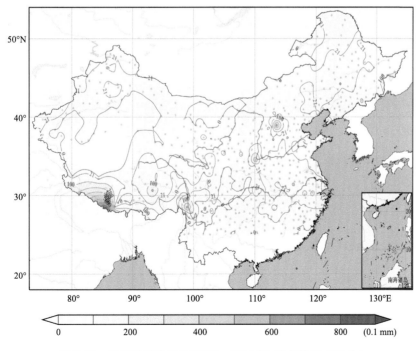

图 3.15 平均暴雪降雪量(1951—2010 年,站点数量:596 个)

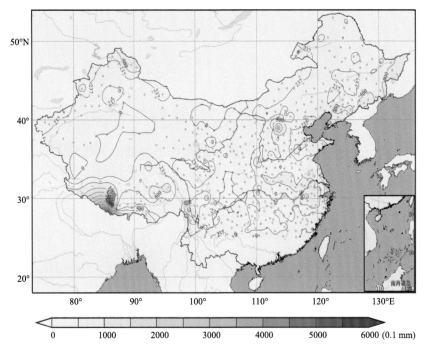

图 3.16 最大暴雪降雪量(1951—2010 年,站点数量:596 个)

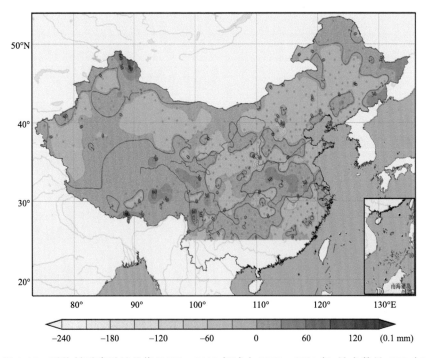

图 3.17 平均暴雪降雪量差值(1981—2010 年减去 1951—1980 年,站点数量:551 个)

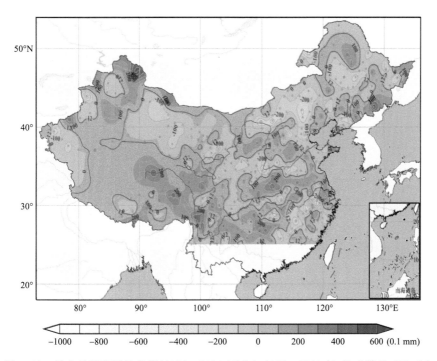

图 3.18　最大暴雪降雪量差值(1981—2010 年减去 1951—1980 年,站点数量:551 个)

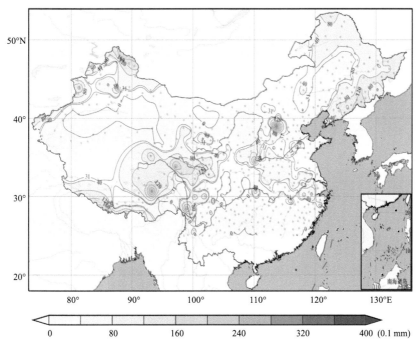

图 3.19　平均大雪降雪量(1951—2010 年,站点数量:596 个)

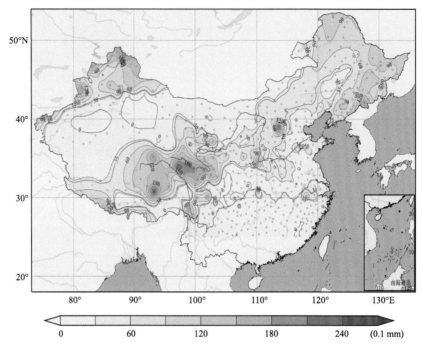

图 3.20 平均中雪降雪量(1951—2010 年,站点数量:596 个)

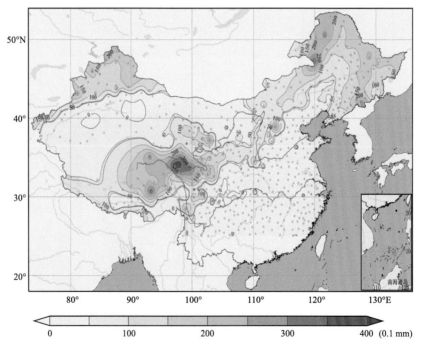

图 3.21 平均小雪降雪量(1951—2010 年,站点数量:596 个)

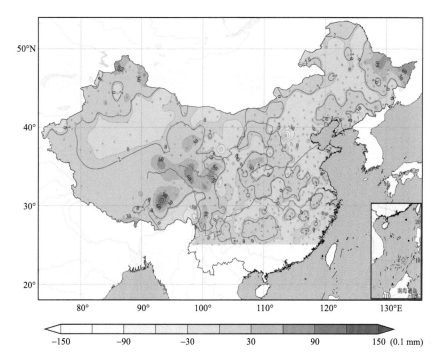

图 3.22　平均大雪降雪量差值(1981—2010 年减去 1951—1980 年,站点数量:551 个)

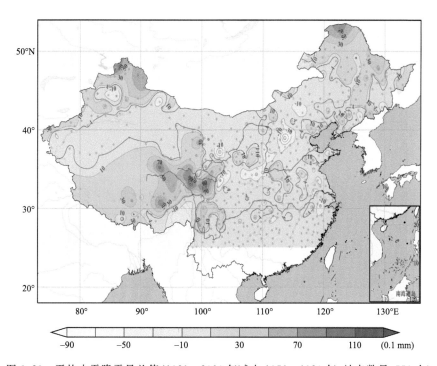

图 3.23　平均中雪降雪量差值(1981—2010 年减去 1951—1980 年,站点数量:551 个)

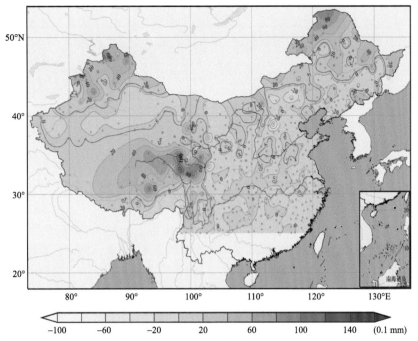

图 3.24　平均小雪降雪量差值(1981—2010 年减去 1951—1980 年,站点数量:551 个)

3.5　强降雪量

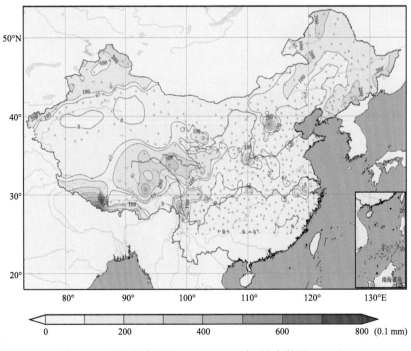

图 3.25　平均强降雪量(1951—2010 年,站点数量:596 个)

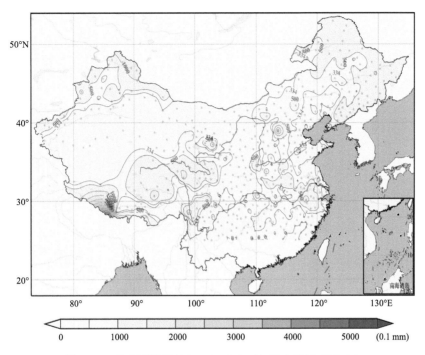

图 3.26　最大强降雪量(1951—2010 年,站点数量:596 个)

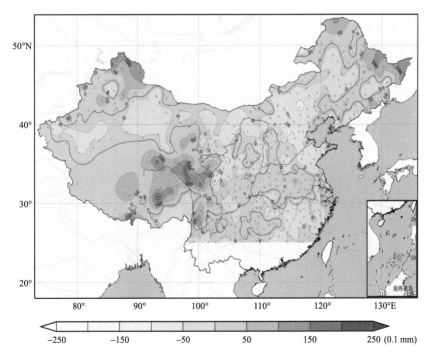

图 3.27　平均强降雪量差值(1981—2010 年减去 1951—1980 年,站点数量:551 个)

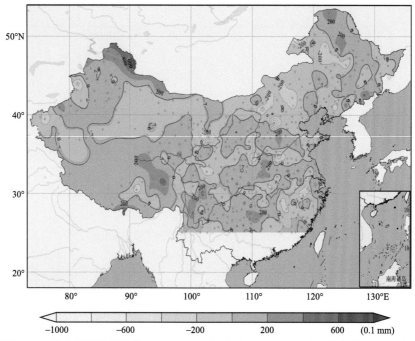

图 3.28　最大强降雪量差值(1981—2010 年减去 1951—1980 年,站点数量:550 个)

3.6　平均月降雪量

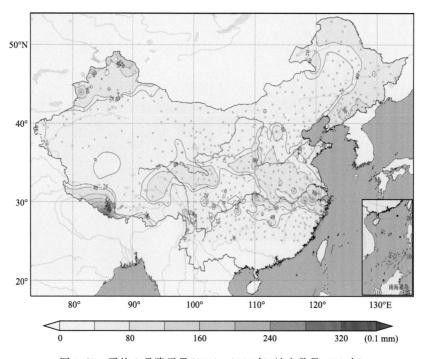

图 3.29　平均 1 月降雪量(1951—2010 年,站点数量:598 个)

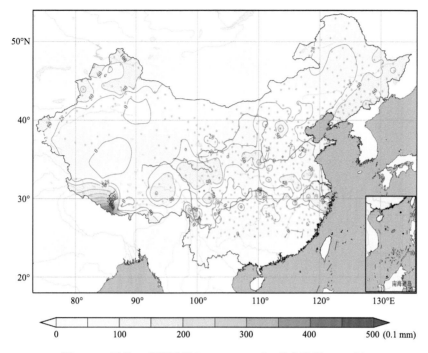

图 3.30　平均 2 月降雪量(1951—2010 年,站点数量:598 个)

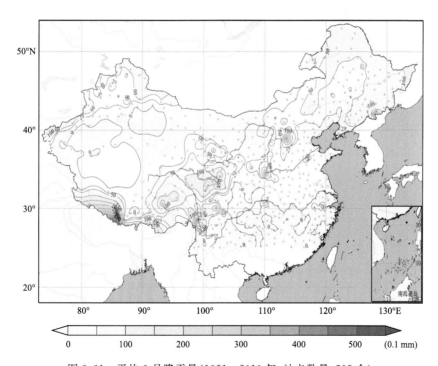

图 3.31　平均 3 月降雪量(1951—2010 年,站点数量:598 个)

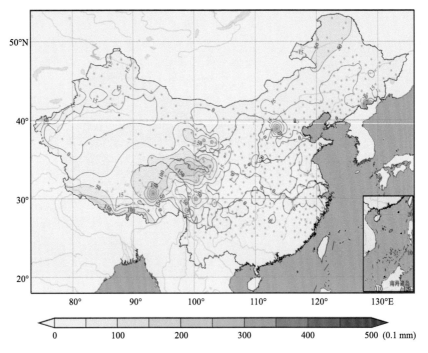

图 3.32　平均 4 月降雪量(1951—2010 年,站点数量:598 个)

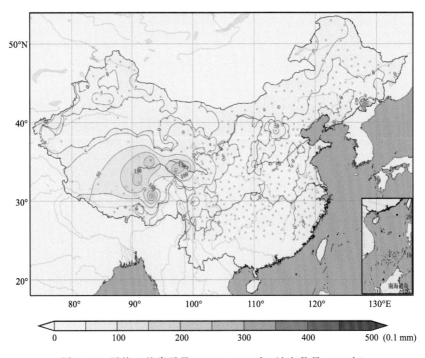

图 3.33　平均 5 月降雪量(1951—2010 年,站点数量:598 个)

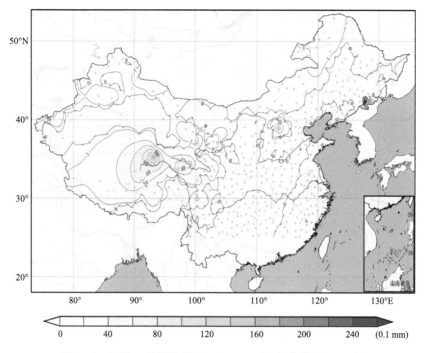

图 3.34　平均 9 月降雪量(1951—2010 年,站点数量:598 个)

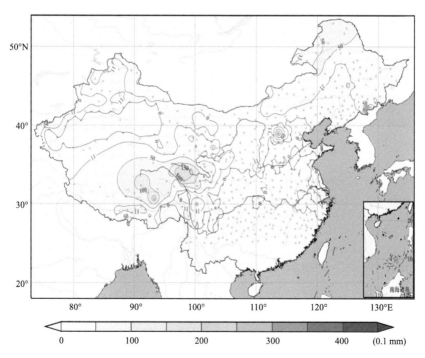

图 3.35　平均 10 月降雪量(1951—2010 年,站点数量:598 个)

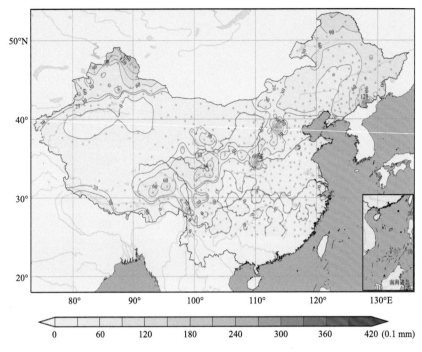

图 3.36　平均 11 月降雪量(1951—2010 年,站点数量:599 个)

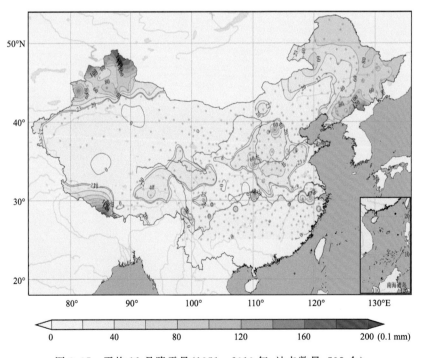

图 3.37　平均 12 月降雪量(1951—2010 年,站点数量:598 个)

3.7 最大月降雪量

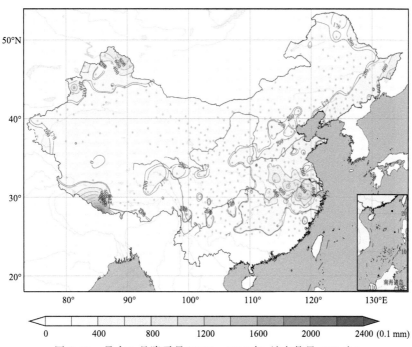

图 3.38 最大 1 月降雪量(1951—2010 年,站点数量:598 个)

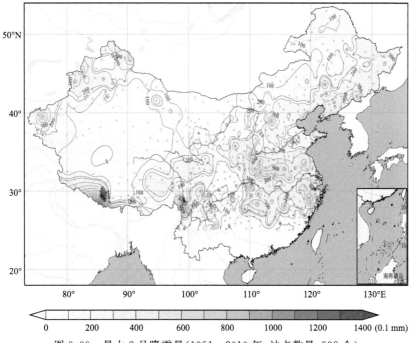

图 3.39 最大 2 月降雪量(1951—2010 年,站点数量:598 个)

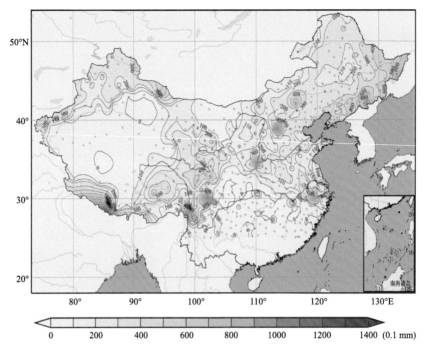

图 3.40　最大 3 月降雪量(1951—2010 年,站点数量:598 个)

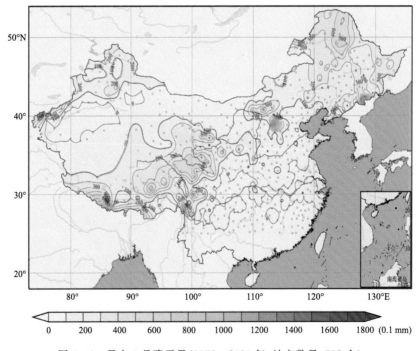

图 3.41　最大 4 月降雪量(1951—2010 年,站点数量:598 个)

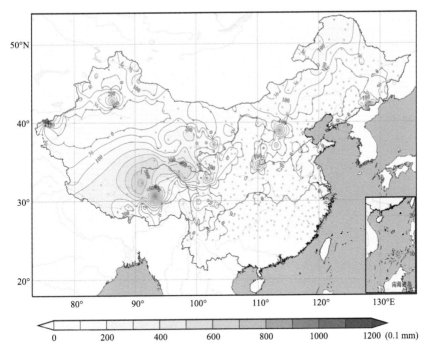

图 3.42　最大 5 月降雪量(1951—2010 年,站点数量:598 个)

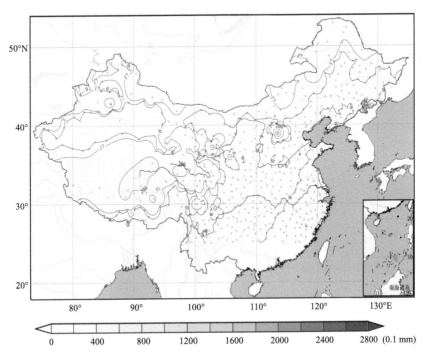

图 3.43　最大 9 月降雪量(1951—2010 年,站点数量:598 个)

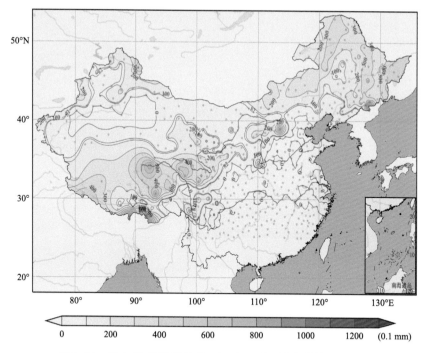

图 3.44　最大 10 月降雪量(1951—2010 年,站点数量:598 个)

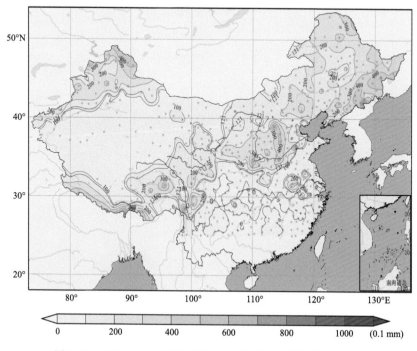

图 3.45　最大 11 月降雪量(1951—2010 年,站点数量:599 个)

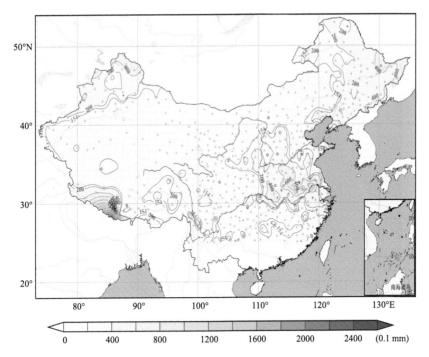

图 3.46　最大 12 月降雪量(1951—2010 年,站点数量:598 个)

第 4 章
积雪日与积雪期

4.1 积雪初日

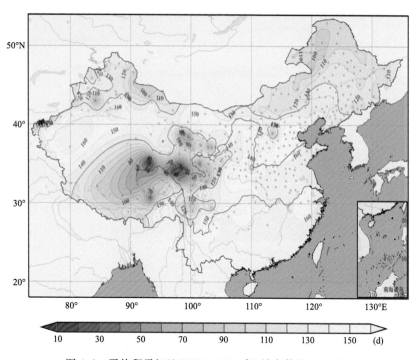

图 4.1 平均积雪初日(1951—2010 年,站点数量:403 个)

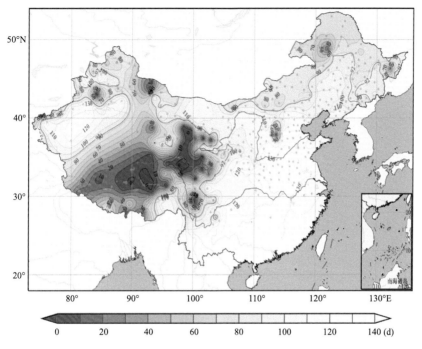

图 4.2　最早积雪初日(1951—2010 年,站点数量:403 个)

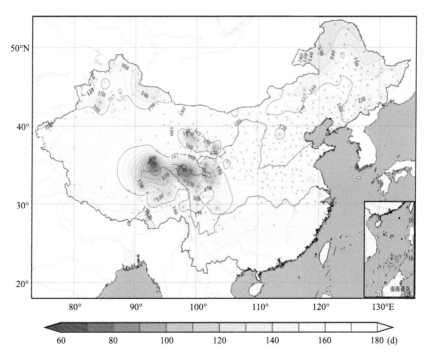

图 4.3　最晚积雪初日(1951—2010 年,站点数量:403 个)

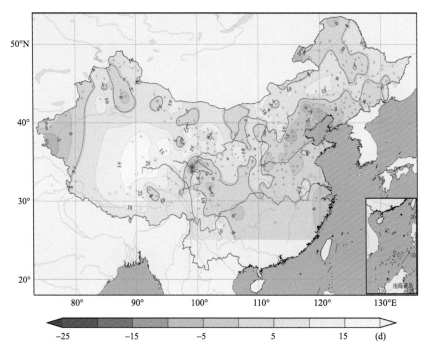

图 4.4　平均积雪初日差值(1981—2010 年减去 1951—1980 年,站点数量:354 个)

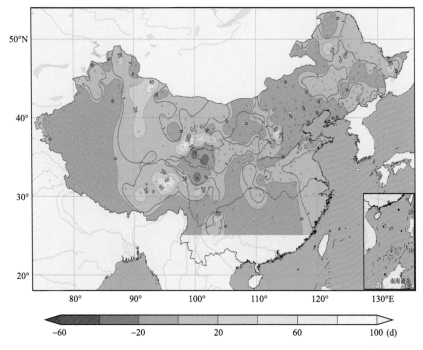

图 4.5　最早积雪初日差值(1981—2010 年减去 1951—1980 年,站点数量:354 个)

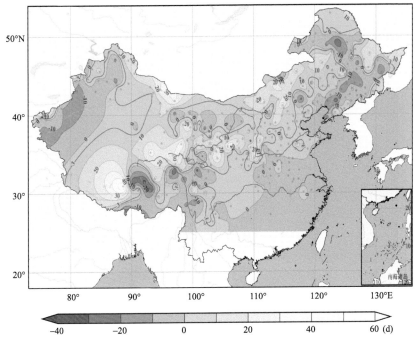

图 4.6 最晚积雪初日差值(1981—2010 年减去 1951—1980 年,站点数量:354 个)

4.2 积雪终日

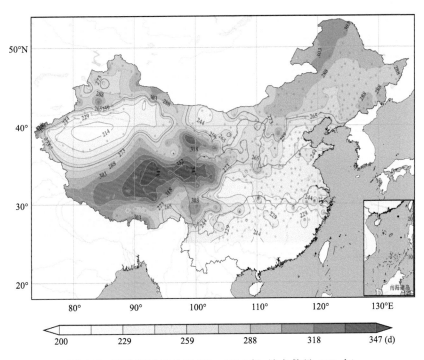

图 4.7 平均积雪终日(1951—2010 年,站点数量:526 个)

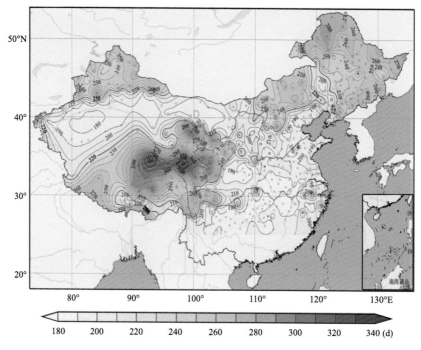

图 4.8　最早积雪终日(1951—2010 年,站点数量:526 个)

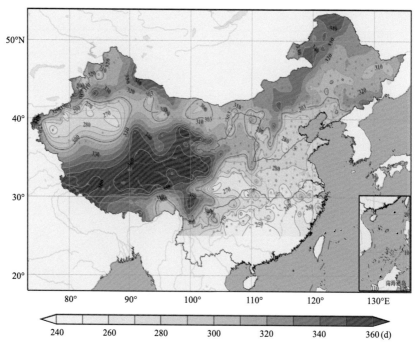

图 4.9　最晚积雪终日(1951—2010 年,站点数量:526 个)

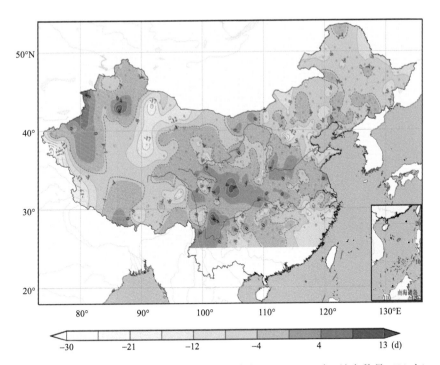

图 4.10　平均积雪终日差值(1981—2010 年减去 1951—1980 年,站点数量:481 个)

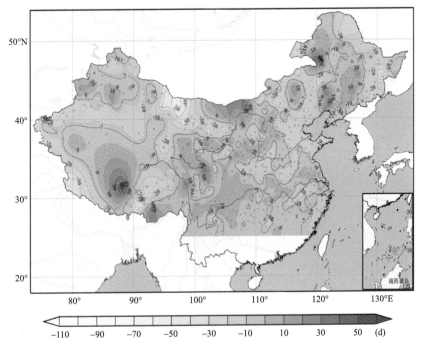

图 4.11　最早积雪终日差值(1981—2010 年减去 1951—1980 年,站点数量:481 个)

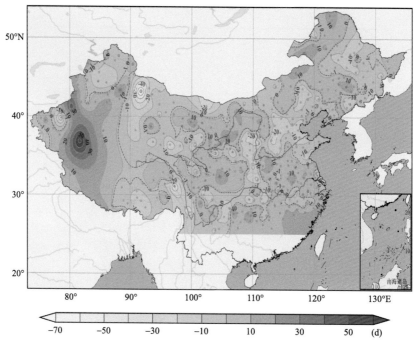

图 4.12　最晚积雪终日差值(1981—2010 年减去 1951—1980 年,站点数量:481 个)

4.3　积雪期长度

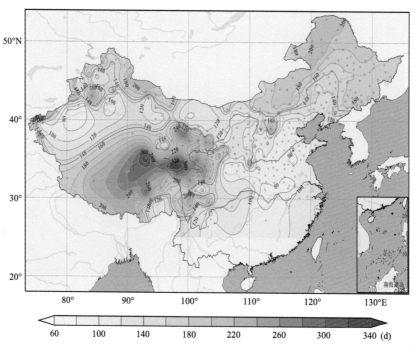

图 4.13　平均积雪期长度(1951—2010 年,站点数量:389 个)

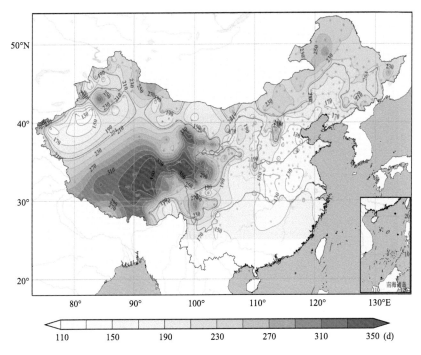

图 4.14　最长积雪期长度(1951—2010 年,站点数量:389 个)

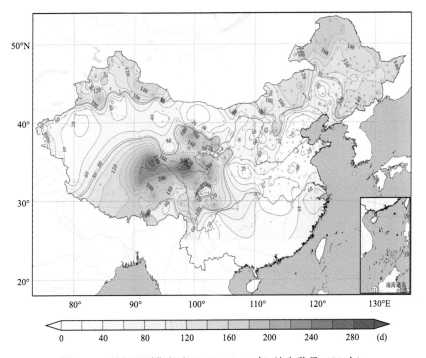

图 4.15　最短积雪期长度(1951—2010 年,站点数量:389 个)

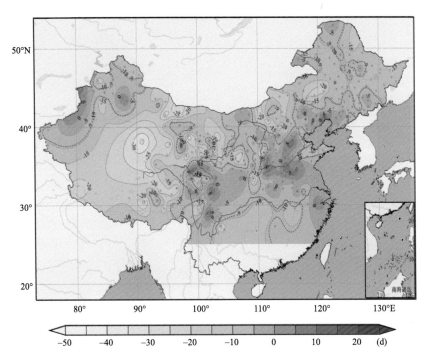

图 4.16 平均积雪期长度差值(1981—2010 年减去 1951—1980 年,站点数量:346 个)

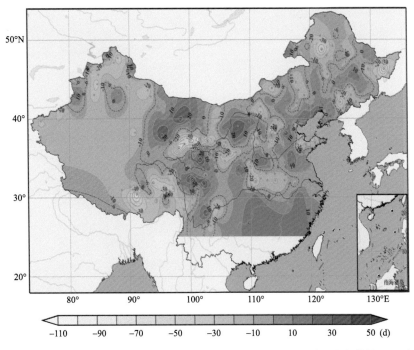

图 4.17 最长积雪期长度差值(1981—2010 年减去 1951—1980 年,站点数量:346 个)

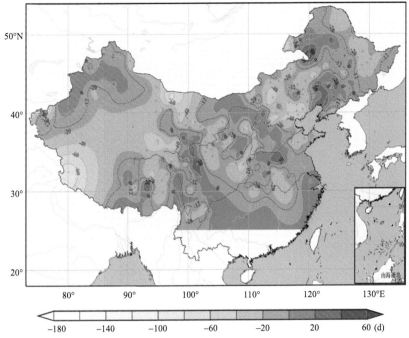

图 4.18　最短积雪期长度差值(1981—2010 年减去 1951—1980 年,站点数量:346 个)

4.4　积雪日数

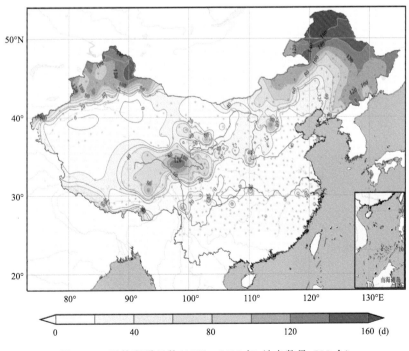

图 4.19　平均积雪日数(1951—2010 年,站点数量:596 个)

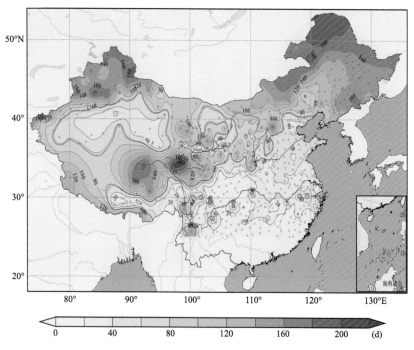

图 4.20　最多积雪日数(1951—2010 年,站点数量:596 个)

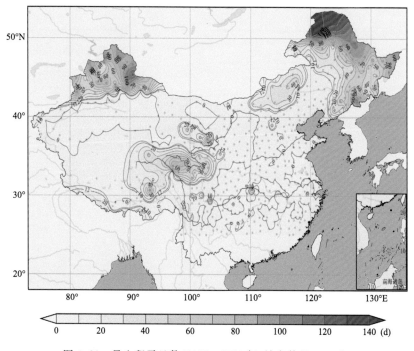

图 4.21　最少积雪日数(1951—2010 年,站点数量:596 个)

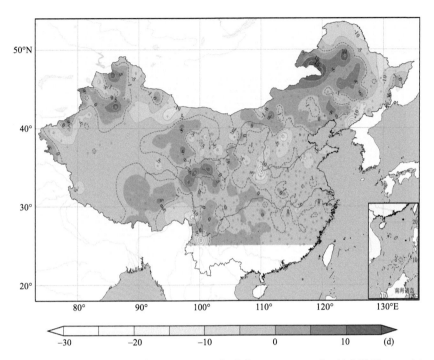

图 4.22　平均积雪日数差值(1981—2010 年减去 1951—1980 年,站点数量:556 个)

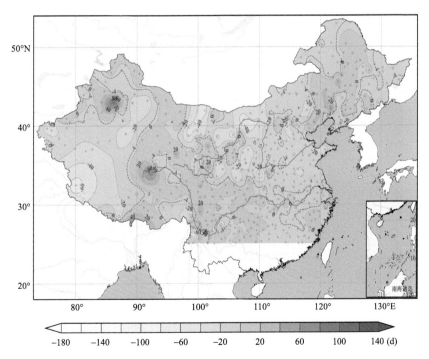

图 4.23　最多积雪日数差值(1981—2010 年减去 1951—1980 年,站点数量:556 个)

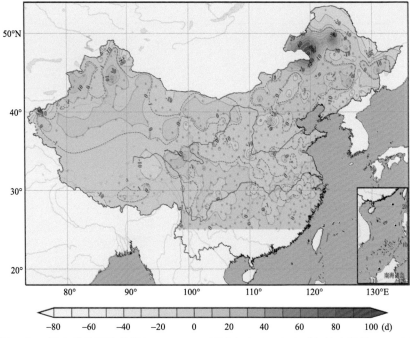

图 4.24　最少积雪日数差值(1981—2010 年减去 1951—1980 年,站点数量:556 个)

4.5　深积雪日

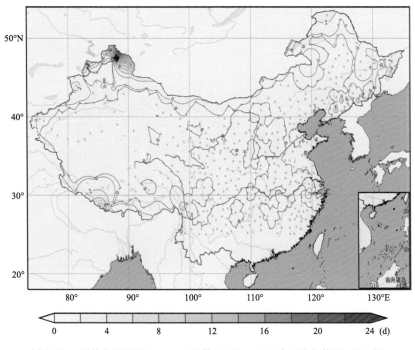

图 4.25　平均深积雪(≥40 cm)日数(1951—2010 年,站点数量:594 个)

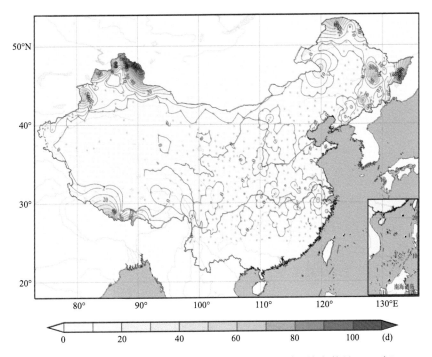

图 4.26　最多深积雪(≥40 cm)日数(1951—2010 年,站点数量:594 个)

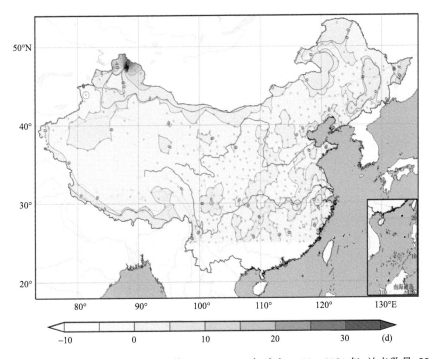

图 4.27　平均深积雪(≥40 cm)日数差值(1981—2010 年减去 1951—1980 年,站点数量:555 个)

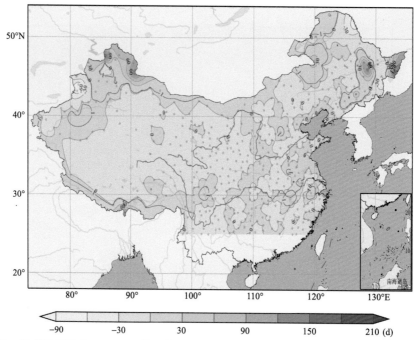

图 4.28　最多深积雪(≥40 cm)日数差值(1981—2010 年减去 1951—1980 年,站点数量:555 个)

4.6　其他积雪日数

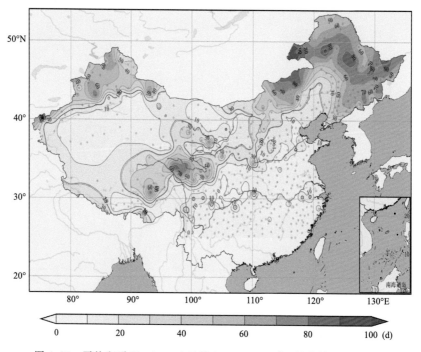

图 4.29　平均积雪(1～10 cm)日数(1951—2010 年,站点数量:594 个)

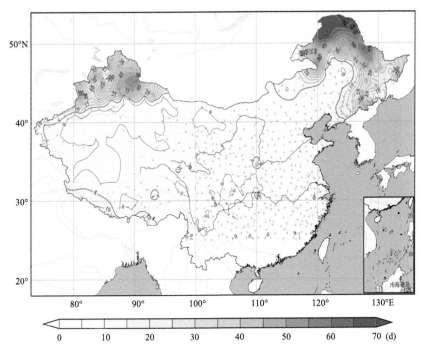

图 4.30　平均积雪(10～20 cm)日数(1951—2010 年,站点数量:594 个)

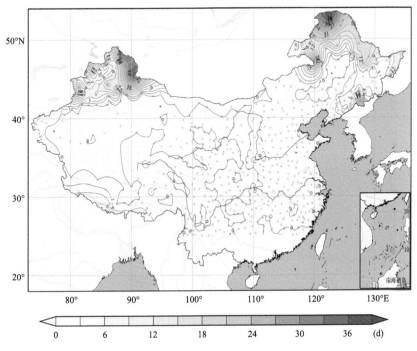

图 4.31　平均积雪(20～30 cm)日数(1951—2010 年,站点数量:594 个)

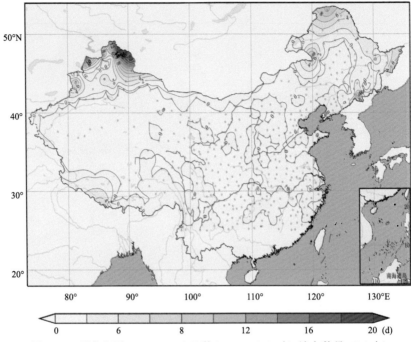

图 4.32 平均积雪(30～40 cm)日数(1951—2010 年,站点数量:594 个)

4.7 月积雪日数

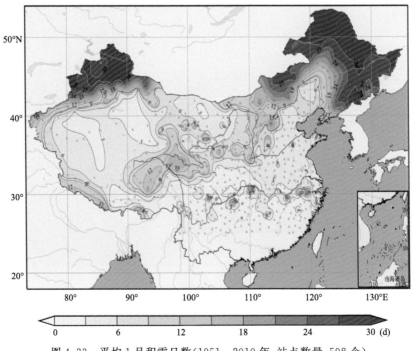

图 4.33 平均 1 月积雪日数(1951—2010 年,站点数量:598 个)

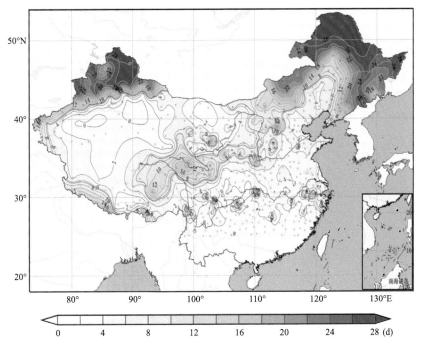

图 4.34　平均 2 月积雪日数(1951—2010 年,站点数量:598 个)

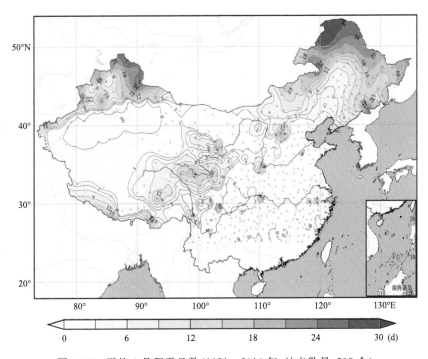

图 4.35　平均 3 月积雪日数(1951—2010 年,站点数量:598 个)

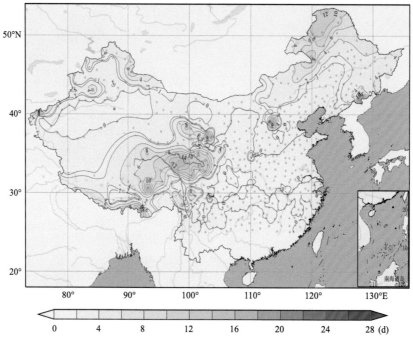

图 4.36　平均 4 月积雪日数(1951—2010 年,站点数量:598 个)

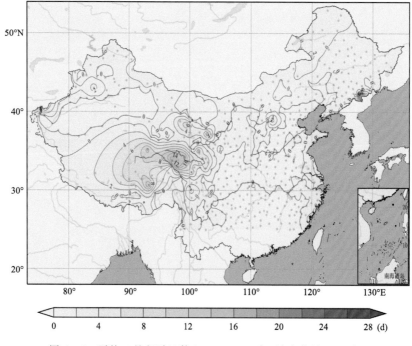

图 4.37　平均 5 月积雪日数(1951—2010 年,站点数量:598 个)

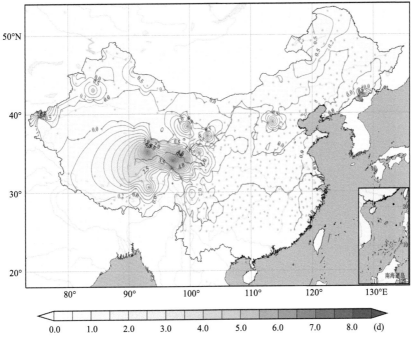

图 4.38　平均 9 月积雪日数(1951—2010 年,站点数量:598 个)

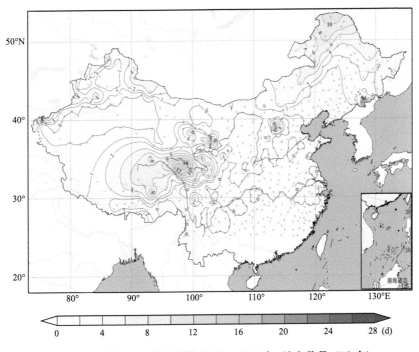

图 4.39　平均 10 月积雪日数(1951—2010 年,站点数量:598 个)

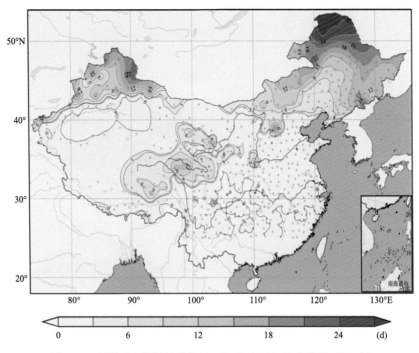

图 4.40　平均 11 月积雪日数(1951—2010 年,站点数量:599 个)

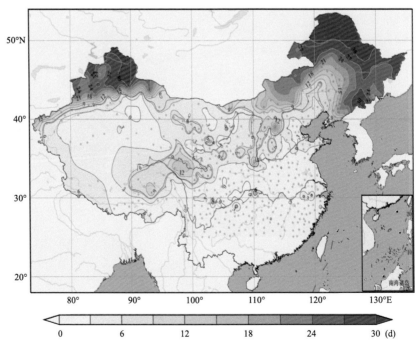

图 4.41　平均 12 月积雪日数(1951—2010 年,站点数量:598 个)

4.8 最多月积雪日数

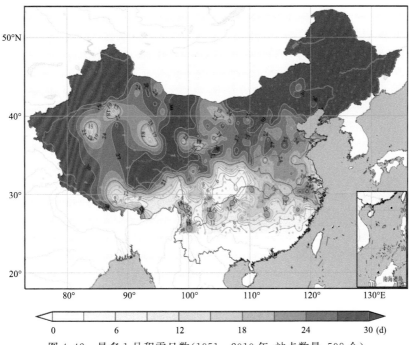

图 4.42　最多 1 月积雪日数(1951—2010 年,站点数量:598 个)

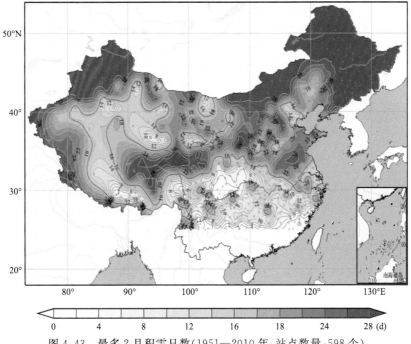

图 4.43　最多 2 月积雪日数(1951—2010 年,站点数量:598 个)

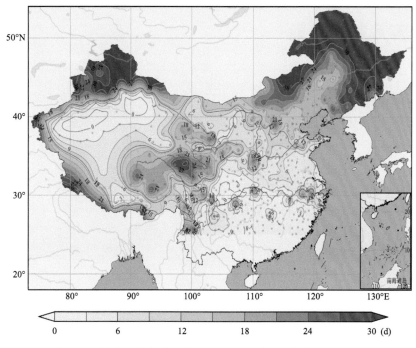

图 4.44　最多 3 月积雪日数(1951—2010 年,站点数量:598 个)

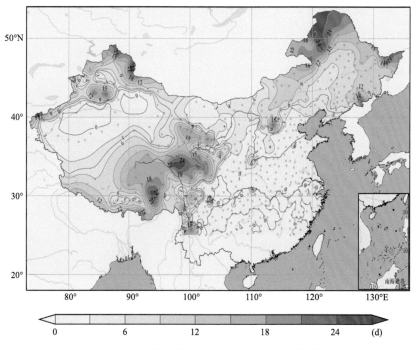

图 4.45　最多 4 月积雪日数(1951—2010 年,站点数量:598 个)

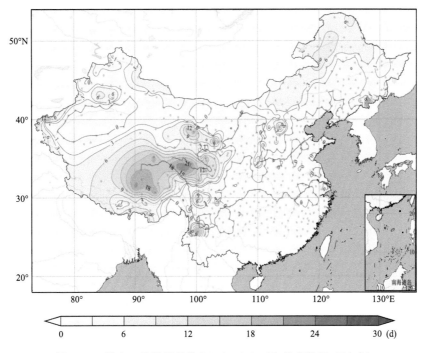

图 4.46　最多 5 月积雪日数(1951—2010 年,站点数量:598 个)

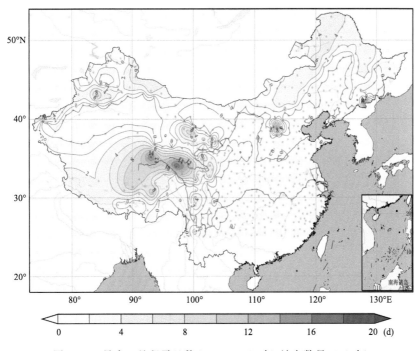

图 4.47　最多 9 月积雪日数(1951—2010 年,站点数量:598 个)

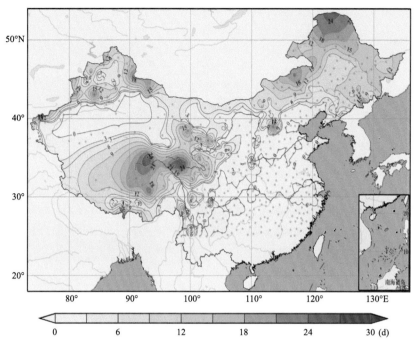

图 4.48　最多 10 月积雪日数(1951—2010 年,站点数量:598 个)

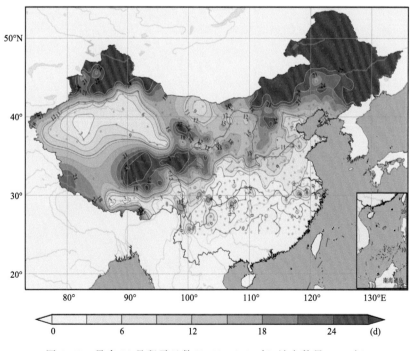

图 4.49　最多 11 月积雪日数(1951—2010 年,站点数量:599 个)

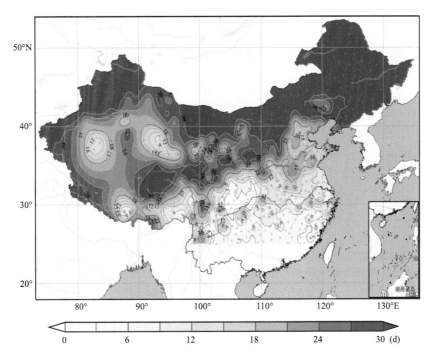

图 4.50　最多 12 月积雪日数(1951—2010 年,站点数量:598 个)

第 5 章
积雪深

5.1 最大积雪深

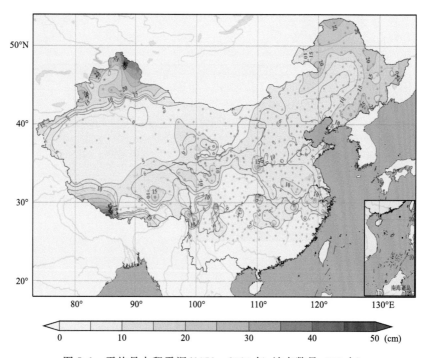

图 5.1　平均最大积雪深(1951—2010 年,站点数量:597 个)

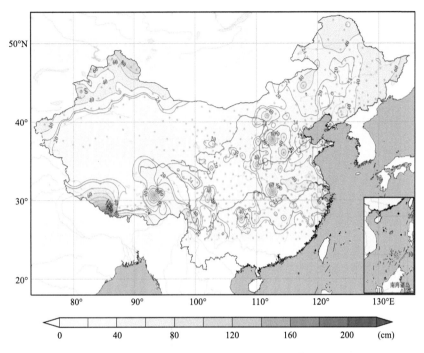

图 5.2　极端最大积雪深(1951—2010 年,站点数量:597 个)

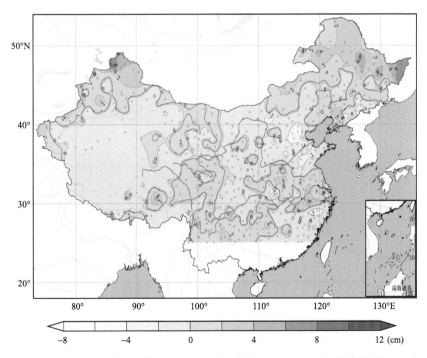

图 5.3　平均最大积雪深差值(1981—2010 年减去 1951—1980 年,站点数量:559 个)

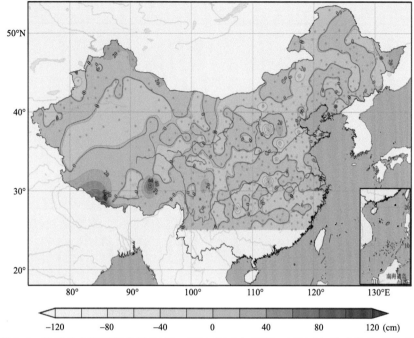

图 5.4　极端最大积雪深差值(1981—2010 年减去 1951—1980 年,站点数量:559 个)

5.2　平均月最大积雪深

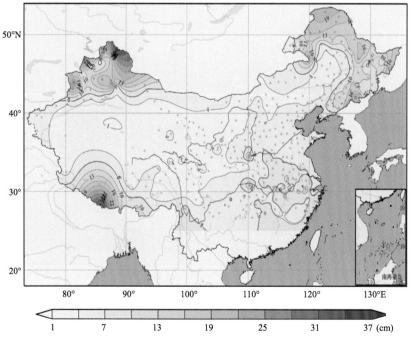

图 5.5　平均 1 月最大积雪深(1951—2010 年,站点数量:399 个)

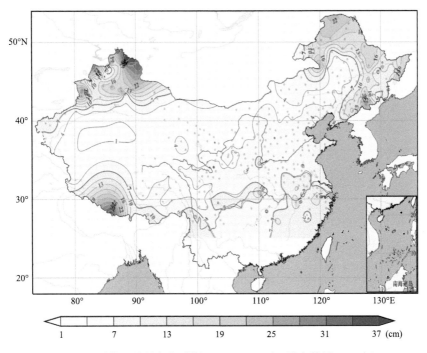

图 5.6　平均 2 月最大积雪深(1951—2010 年,站点数量:383 个)

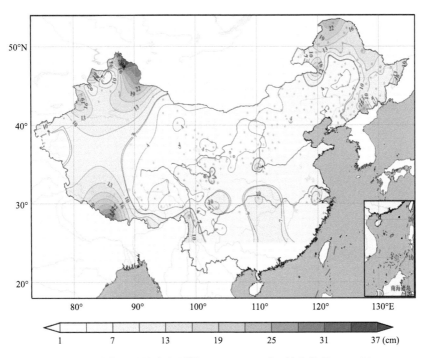

图 5.7　平均 3 月最大积雪深(1951—2010 年,站点数量:279 个)

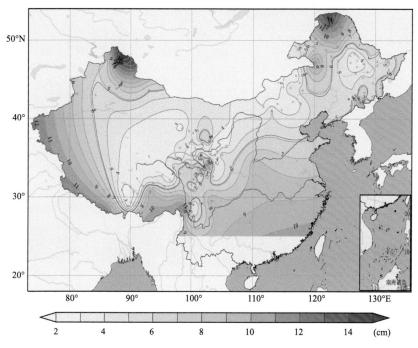

图 5.8　平均 4 月最大积雪深(1951—2010 年,站点数量:128 个)

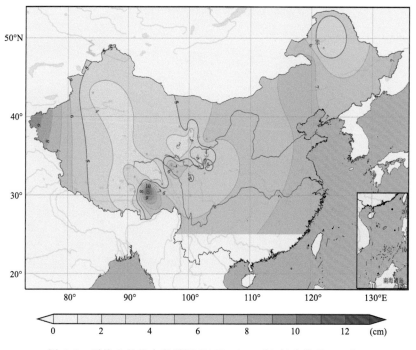

图 5.9　平均 5 月最大积雪深(1951—2010 年,站点数量:40 个)

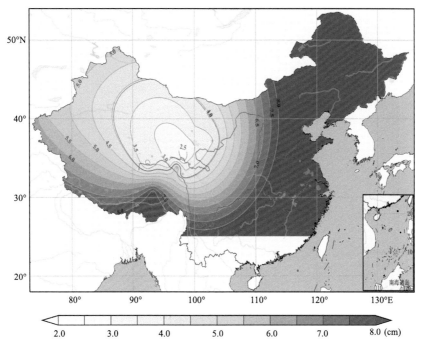

图 5.10　平均 9 月最大积雪深(1951—2010 年,站点数量:12 个)

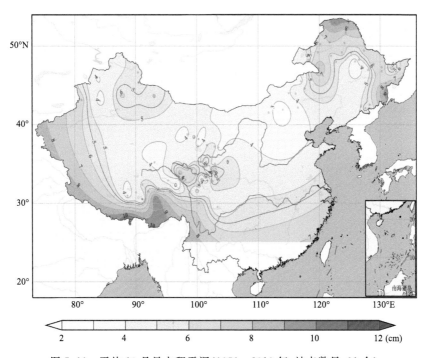

图 5.11　平均 10 月最大积雪深(1951—2010 年,站点数量:91 个)

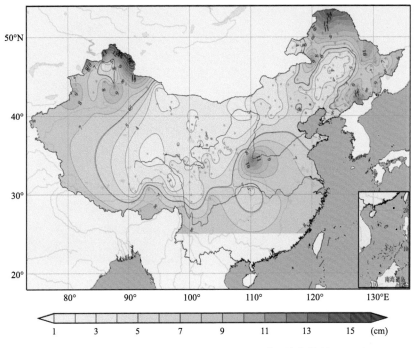

图 5.12　平均 11 月最大积雪深(1951—2010 年,站点数量:210 个)

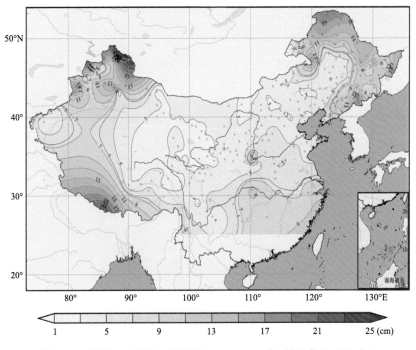

图 5.13　平均 12 月最大积雪深(1951—2010 年,站点数量:271 个)

5.3 极端月最大积雪深

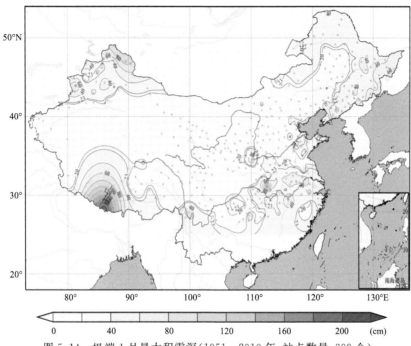

图 5.14 极端 1 月最大积雪深(1951—2010 年,站点数量:399 个)

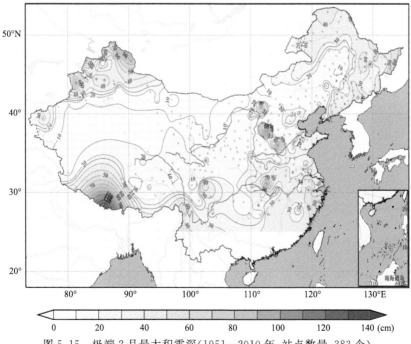

图 5.15 极端 2 月最大积雪深(1951—2010 年,站点数量:383 个)

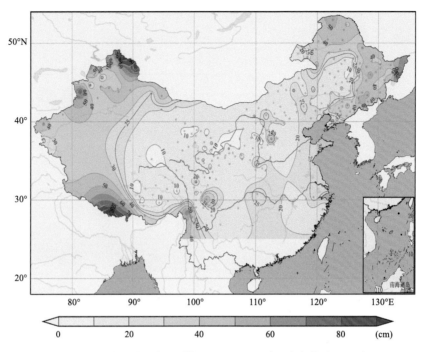

图 5.16　极端 3 月最大积雪深(1951—2010 年,站点数量:279 个)

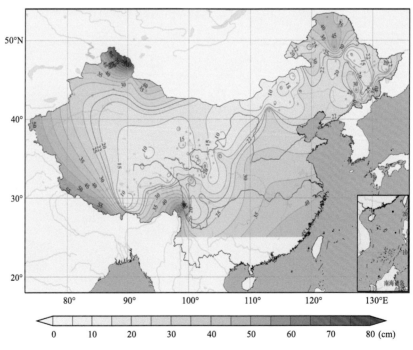

图 5.17　极端 4 月最大积雪深(1951—2010 年,站点数量:128 个)

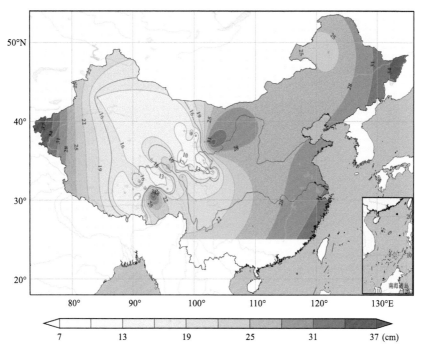

图 5.18　极端 5 月最大积雪深(1951—2010 年,站点数量:40 个)

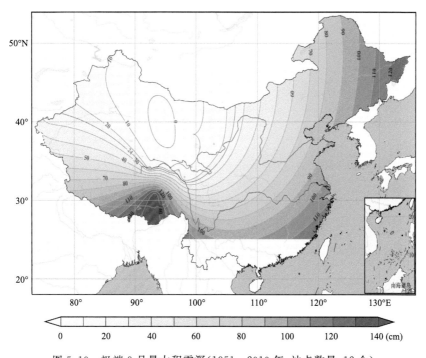

图 5.19　极端 9 月最大积雪深(1951—2010 年,站点数量:12 个)

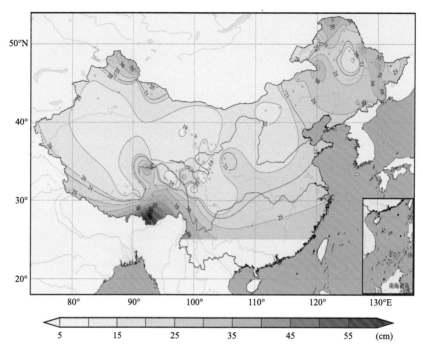

图 5.20　极端 10 月最大积雪深(1951—2010 年,站点数量:91 个)

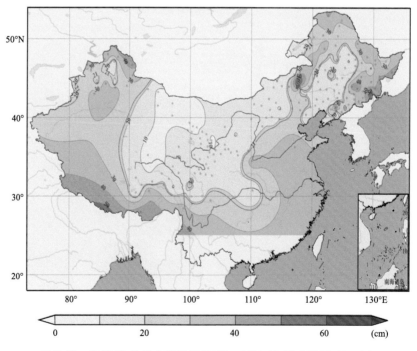

图 5.21　极端 11 月最大积雪深(1951—2010 年,站点数量:210 个)

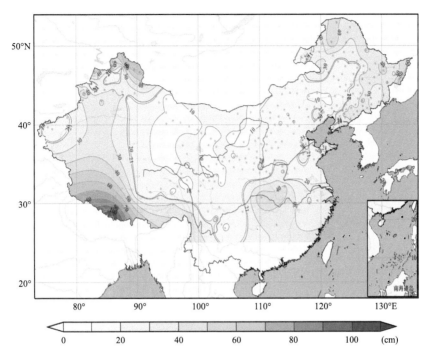

图 5.22　极端 12 月最大积雪深(1951—2010 年,站点数量:271 个)

第6章
降雪与积雪变异系数

6.1 降雪变异系数

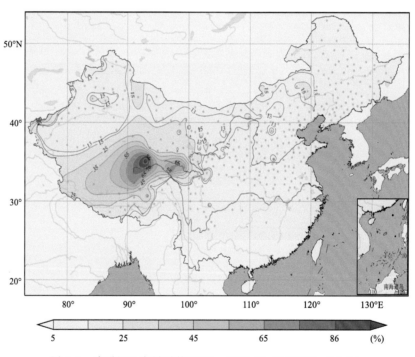

图 6.1 降雪初日变异系数(1951—2010 年,站点数量:439 个)

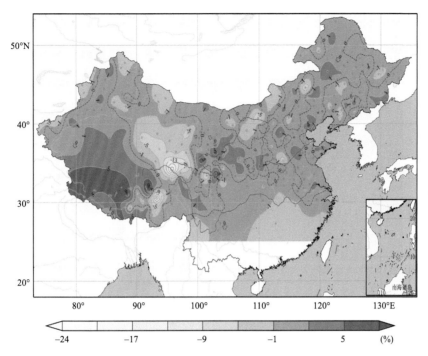

图 6.2　降雪初日变异系数差值(1981—2010 年减去 1951—1980 年,站点数量:394 个)

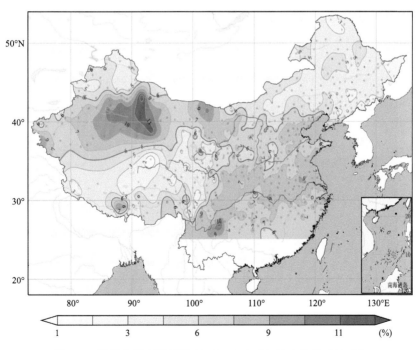

图 6.3　降雪终日变异系数(1951—2010 年,站点数量:529 个)

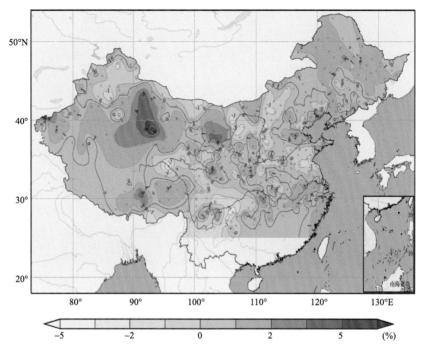

图 6.4　降雪终日变异系数差值(1981—2010 年减去 1951—1980 年,站点数量:482 个)

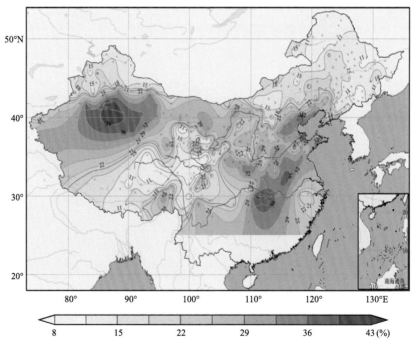

图 6.5　降雪期长度变异系数(1951—2010 年,站点数量:369 个)

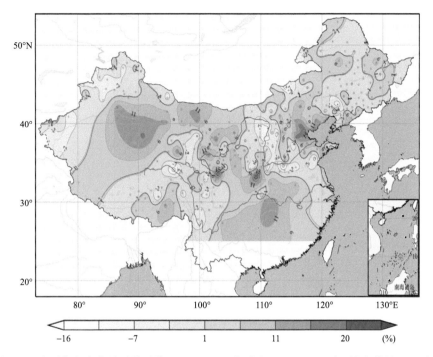

图 6.6　降雪期长度变异系数差值(1981—2010 年减去 1951—1980 年,站点数量:329 个)

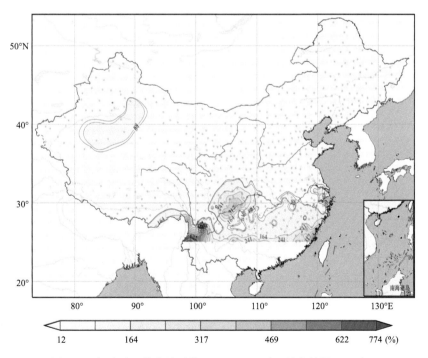

图 6.7　年降雪日数变异系数(1951—2010 年,站点数量:592 个)

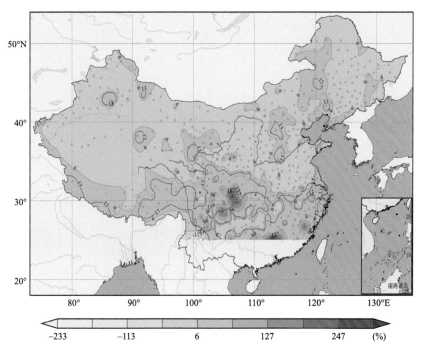

图 6.8　年降雪日数变异系数差值(1981—2010 年减去 1951—1980 年,站点数量:547 个)

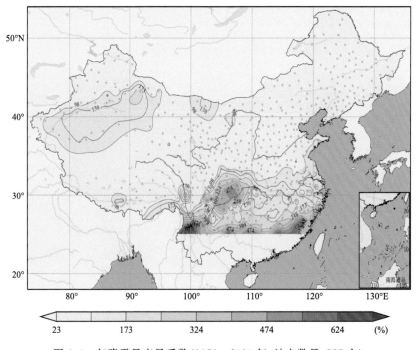

图 6.9　年降雪量变异系数(1951—2010 年,站点数量:587 个)

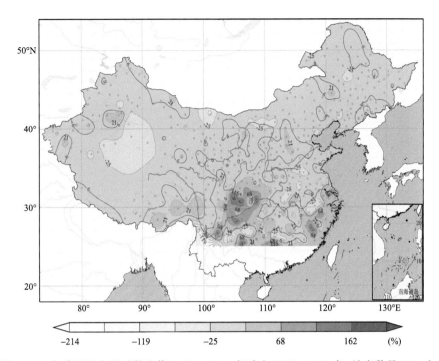

图 6.10　年降雪量变异系数差值(1981—2010 年减去 1951—1980 年,站点数量:543 个)

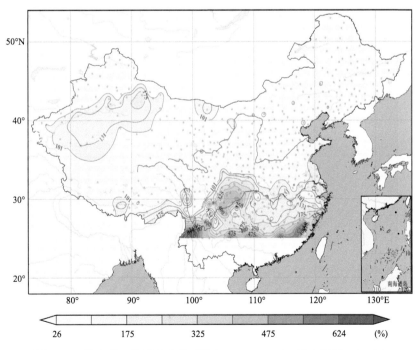

图 6.11　最大单日降雪量变异系数(1951—2010 年,站点数量:587 个)

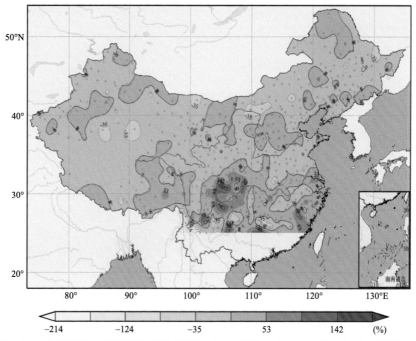

图 6.12　最大单日降雪量变异系数差值(1981—2010 年减去 1951—1980 年,站点数量:543 个)

6.2　积雪变异系数

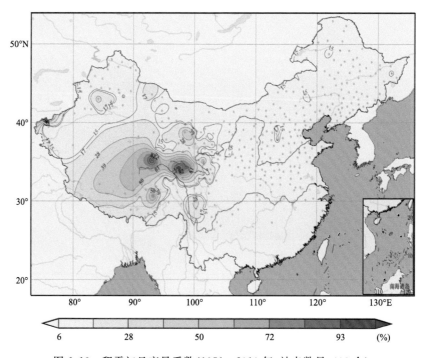

图 6.13　积雪初日变异系数(1951—2010 年,站点数量:403 个)

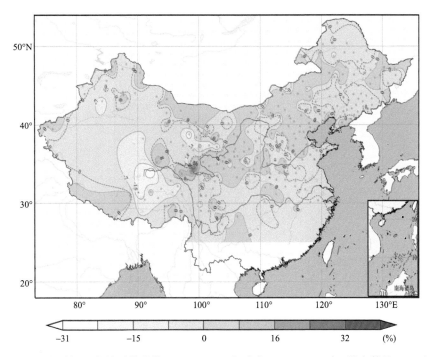

图 6.14　积雪初日变异系数差值(1981—2010 年减去 1951—1980 年,站点数量:354 个)

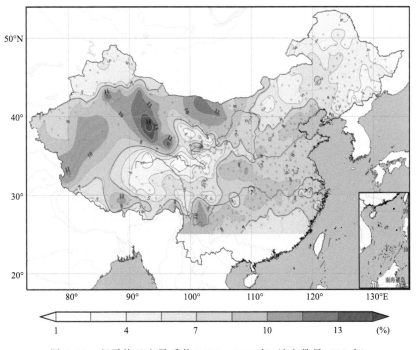

图 6.15　积雪终日变异系数(1951—2010 年,站点数量:526 个)

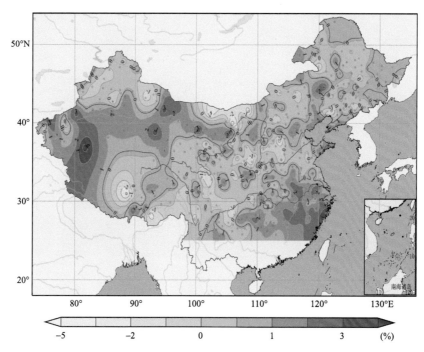

图 6.16 积雪终日变异系数差值(1981—2010 年减去 1951—1980 年,站点数量:481 个)

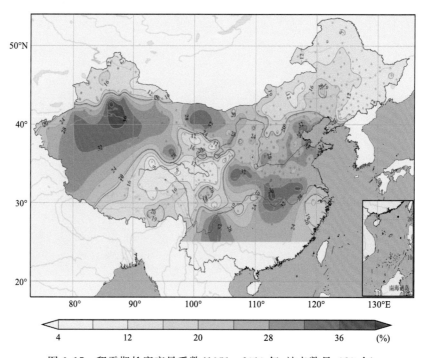

图 6.17 积雪期长度变异系数(1951—2010 年,站点数量:389 个)

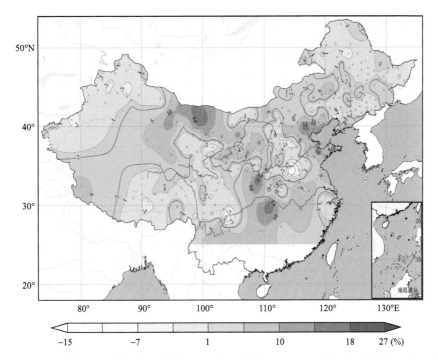

图 6.18　积雪期长度变异系数差值(1981—2010 年减去 1951—1980 年,站点数量:346 个)

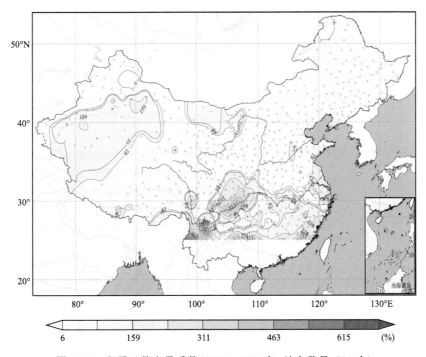

图 6.19　积雪日数变异系数(1951—2010 年,站点数量:593 个)

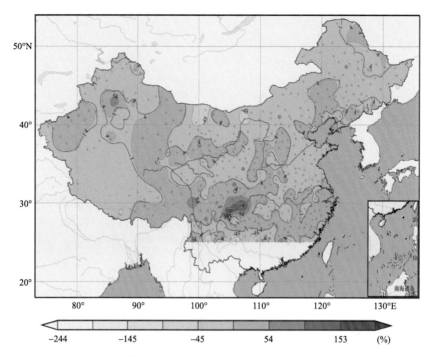

图 6.20　积雪日数变异系数差值(1981—2010 年减去 1951—1980 年,站点数量:551 个)

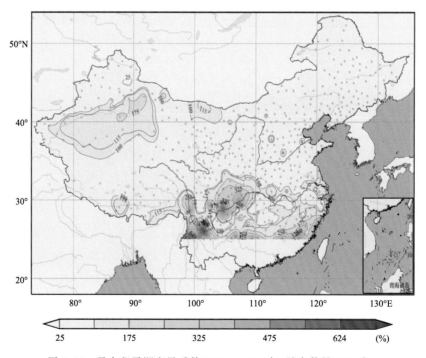

图 6.21　最大积雪深变异系数(1951—2010 年,站点数量:594 个)

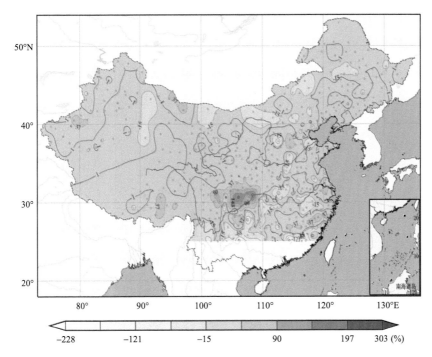

图 6.22　最大积雪深变异系数差值(1981—2010 年减去 1951—1980 年,站点数量:546 个)